JN191177

EXTRATERRESTRIAL BIOLOGY

SF映画に「進化」を読む

地球外生物学

倉谷 滋

SHIGERU KURATANI

工作舎

メリエスの『月世界旅行』より

はじめに——地球外生物を考える

We are not alone

from: Close Encounters of the Third Kind (1977)

いま、マイケル・J・クロウの『地球外生命論争——カントからロウエルまでの世界の複数性をめぐる思想大全』(工作舎 2001)を読んでいるのだが、我々が住んでいる「ここ」とは別の世界を考え、宇宙人や宇宙生物に思いをはせる人間の性向というのは、古代から綿々と続く人類の根源的な願いにそもそも端を発しているようだ。さしあたって、先人達が最初に思いを馳せたのは、地球から最も近い天体である月や太陽、そしていかにも生物がいそうな顔をしている火星であり、シラノ・ド・ベルジュラックの『日月両世界旅行記』(岩波文庫 1952)に始まる夢想の果てにハーシェルは月に森を見、ロウエルは火星に「人工の運河」を「発見」した。

一九世紀以降のSF小説やSF映画の歴史も、天体観測や宇宙論のそれと常につかず離れずの関係にあった。ヴェルヌは一八六五年に『月世界旅行』を書き、二〇世紀の初めにメリエスがそれを映画化したが(『月世界旅行』(1902))、その内容はむしろ、H・G・ウェルズがほぼ同時期に執筆した小説、『月世界最初の人間』(1901)により近いものだった。日本の『竹取物語』と同様、人間にとって「月」とはとりもなおさず、月世界「人」の棲む場所だった。それは単に生物ではなく、「人」だったのだ。

さらに、ウェルズの『月世界最初の人間』は、六〇年代になってネイザン・ジュラン監督(レイ・ハリーハウゼンの特撮)によって映画化された(『H・G・ウェルズの月世界探検』(1964))。これらの映画はともに、「月には大気があり、住人がいる」という仮説を採用しており、東宝円谷映画の『宇宙大戦争』(1959)における、外宇宙からやってきた異星人「ナタール」が月面に前哨基地を構え(彼らもまた、小さな「人」の格好をしている)、その周囲に大気を作り出し、そこへ地球人が二機の宇宙ロケット「スピップ号」でもって到達するという設定と酷似している。かくして、日本が誇る東宝の『宇宙大戦争』は、月を見上げる人間の夢想の、いわば最終地点であったとでも言うことができよう。

理屈はどうあれ、「月には(当然)大気があるだろう」、「月には生物がいて欲しい」という願望がそこに見え隠れし、昔の日本人がよく口にした「月には兎がいて餅をついている」という想像、あるいは月に居住することを考えたハーシェルの夢想も含め、全ては人類の願いの歴史と言っていい。そして、この前SF的想像は一九六九年のアポロ一一号が月に降り立つことによって打ち止めとなった。同様の歴史は、タコのような宇宙人がいると想像された火星についても繰り返され(『火星探検――ロケットシップX-M』(1950)では、火星にも「人」がいたとされた)、以来、人類の夢は宇宙探査機ヴォイジャーの如く、さらに遠い天体に向けて飛翔を続けている。

地球のように生命が豊かな星は稀だとしても、それはせいぜい太陽系における話。「地球以外の天体には生物が全くいない」と賭ける者はさすがにいないだろう。現実に地球のような惑星が生まれてきたからには、同様のことがどこか別のところで起こっている確率はかなり高く、それを専門的に考察する研究分野もある。もちろんそれは、太陽系の外側、遠い遠いはるか彼方の話だ。そして、実際に地球外生物がどのような姿をしているかということになると、それは極めて難しい問題だというしかない。何しろ誰も見たことがないのだから。とはいえ、これまで我々の夢想の中に登場した生物に眼を転ずれば、それは、

①「既知の地球の生物に非常に近い、いわゆるヒューマノイドを含むようなもの」か、あるいは、
②「生物学的に地球の生物とはかなり異なった存在」か、さもなければ、
③「そもそも物理的に我々とは物質的基盤の異なった生物」

という三タイプに分けることができ、実際の地球外生命も案外これらのカテゴリーのどれかに当てはまるのではないかと思っている。これらの仮説の対立図式は、「この世界と異なった世界がほかにも多くあるのではなかろうか」という多世界論に対し、「神は一つ、世界もただ一つ」と論じた反多世界論が対立していたこととよく似る。つまりは、生物というものがどのような存在か、ということに関する世界観・自然観がそこに反映されずにはおれないのである。そしてとりわけ、生物進化や生物

多様性についての認識がここでは問われていると気づくべきなのだ。

第一のカテゴリーに属するエイリアンが、映画や小説に多く登場するのは当然だろう。こういったエイリアンを扱ったSF小説の筆頭を挙げるなら、それはJ・P・ホーガンによる『星を継ぐもの』（創元文庫）ということになろうか。

これは実に素晴らしい小説だ。地球以外の惑星に、地球にかつて存在したのと同じ生態系が化石として発見される。しかし、よく見るとそれだけではなく……。内容を書くとネタばらしになるので控えるが、私の知る限りこのSF小説は、進化生物学や比較形態学的考察が本格的に登場し、しかもそれがストーリーの核心に用いられた最初であったと思う。まるで一九世紀英国の解剖学者、リチャード・オーウェンを彷彿とさせる、憎々しげな解剖学者が登場するのだが、彼が最後に謎の一端を明らかにするところが痛快無比。私はかつて、この解剖学者にとことん憧れた。近未来を舞台にしてはいるが、ある意味一九世紀中頃のアカデミックな雰囲気の横溢する素晴らしい一編といえよう。いっそ、これがスチーム・パンク仕立てで書かれていたなら、私は歓喜の涙すら流したことであろう。

一方で、本来のヒューマノイド型宇宙人の登場するSF作品というと、やはりスピルバーグ監督の映画、『未知との遭遇』（1977）がその典型例と言えようか。「We are not alone（宇宙に生息するのは我々だけではない）」というキャッチコピーが、「未確認飛行物体 UFO」問題を含めた、長きにわたる地球外生命論争に対して与えられた最終的回答という体裁をとっている。いずれにせよ、このカテゴリーの地球外生物は基本的に地球上に棲息する怪獣とあまり変わるところがなく、リアリティはあるが、同じ理由でSF的には少し物足りない。

第三のカテゴリー、「物理的に全く異なった生物（?）」ということになると、ロバート・L・フォワード著『竜の卵』（早川文庫SF）が筆頭であろうか。これは、地球とは比べものにならないほどの質量を持つ中性子星の表面で、核子間相互作用をベースに代謝活動を行う生物が誕生し、それを観察する人間の目の前でみるみるうちに文明が築かれてゆくという話だ。我々のような分子間相互作用よりずっと短時間で進行する反応経路を使うこの生物の体感時間は、我々の時間よりべらぼうに早い。つまり、人間の一時間が彼らにとっては数世紀に相当するのである。こういったストーリーは、厳密には生物進化そのものを扱うものではないが、人工生命のシミュレーションに興味のある向きには、なかなか信憑性のある話かもしれない。加えて、エンディングには感動的なエピソードも用意されている。

本書で議論するのは、主として第二のカテゴリー、つまり「生物学的に異なった存在」としての宇宙人やモンスターである。映画の中からピックアップするなら、リドリー・スコット監督の『エイリアン』（1979）がその典型。何もかもが最高のゴシック・ホラー映画である。この映画のキャッチコピーは、「In space no one can hear you scream（宇宙ではあなたの悲鳴は誰にも聞こえない）」。いうまでもなく、宇宙生物を考える文脈においてこれは、『未知との遭遇』の「We are not alone」に明確に対立する警句となっており、宇宙生物の存在様態がしばしば我々の理解を超えるであろうという、当然の可能性を象徴している。

しかしそれは本当にそうか。ひょっとして、惑星を超えて作用している生物の論理というものがあるのではないか。そんな可能性について考察する上で、映画『エイリアン』はとりわけ有用だ。本書ではこのためだけに一章を割いた。

さらに加えて、最近の映画、『メッセージ』(2016) に登場したタコ型宇宙人「ヘプタポッド」は、その解剖学的構築のみならず、物理世界の知覚、時空の概念からして我々とは相容れない存在である。とはいえ、彼らも有機体には違いなかろうから、辛うじて第二のカテゴリーには留まっている。逆にこのようなエイリアンを提示することにより、我々地球人や地球の生物の捕らわれている世界観の姿が浮き彫りになる。かくして我々人間の空想や夢想、世界観の外縁を最もよく示すのが、「宇宙生物」だということになるらしい。

進化は宇宙に遍在する。そして「この世ならぬ異世界」、「かつてあったかもしれない、もう一つの可能性としての世界」を夢想することと地球外生物の空想が不可分なのであれば、「進化とは一種の世界、もしくはパラレルワールドを作る実験だ」という考えをここで披露してみたい。そのためには、まず、動物のボディプランや、動物の分類群の概念を説明せねばならない。

その昔、動物学の創始者とも言うべきフランスの比較解剖学者、ジョルジュ・キュヴィエは、あらゆる動物を、その基本的体制に従って四つの「型」に分類した。我々のように内骨格と背骨をもつ「脊椎動物」、分節的な外骨格をもつ「関節動物」、放射相称の体制を持つ「放射動物」、そして、柔らかい体をもつ「軟体動物」がそれである。これらの分類群は、現在の分類学で言うところの「動物門」に近いものだが、実際の動物門は三〇ばかりあるとするのが適切であるとされる。いずれにせよ、動物の基本的体制、あるいは「ボディプラン」とよばれるパターンは、動物の存在を特徴づける最も大きな要素の一つであり、基本的な類縁関係を最もよく現すのもこのボディプランにほかならない。我々ヒトはもちろん「脊椎動物」であり、昆虫のような「関節動物」（より正確には、節足動物と言うべき）とは、かなり異なった構築を示すのである。

かれこれ十数年前になるが、私は昆虫の研究をやりかけたことがあり、そのとき蛾の蛹を解剖したのだが、それが自分のよく知っている脊椎動物と全く異なった姿をしているので「まるで宇宙生物だ」と、冗談抜きに思ったのを覚えている。充分に形態の隔たった動物を目にするという体験は、すなわち地球外生物との遭遇とさして変わるところはないのだ。かつて、私の知り合いだったある女性がクモ類を称し、「地球に飛来した悪しき地球外生物（エイリアン）」としていたことがあった。同じように考える人はこの世の中に意外と多いと聞くが、それも無理からぬことなのかもしれない。

むろん、いまでは昆虫を含む節足動物と脊椎動物が、左右相称型の体制を持つ遠い祖先を確実に共有していたことが知られている。両者は、遺伝子や細胞のレベルにまで降りてゆくと、互いに非常によく似ているのである。それは単なる「他人のそら似」ではなく、正真正銘の「相同物」だ。つまり、共通祖先から受け継いだ正真正銘の共通性だ。しかし、過去数億年に生じた度重なる系統の分岐と、さまざまな発生プログラムの変更の結果として、両者の解剖学的体制はいまではこれほどまでにかけ離れてしまった。進化的な変異は、おそろしく異質なものを帰結するというわけだ。

では、昆虫と我々がまだ分岐していなかった頃の共通祖先（それはおそらく、海中に生息していたであろう）になったつもりで考えてみよう。自分の体を作っているゲノムの中の遺伝子は、いまでこそこんな単純な体しか作ることができないが、遠い将来、自分の子孫がどんな姿になるかわかったものではない。さまざまな可能性が自分の子孫を待ち受けているに違いない。進化の可能性が未来へ向けて「分岐」し、「放散」しているのである。その中には大きく成功する進化もあるだろうし、失敗して絶滅してしまう袋小路もあることだろう。そして、実際さまざまなタイプの変異が、形態形成過程をさまざまに変化させ、さまざまに異なった子孫が生まれていったのである。

ラヴジョイの提唱した「充満の原理」が当てはまるのかどうかは知らない（おそらく当てはまらないだろう）。地球の進化の歴史が、可能性としてありうる全ての変異、全てのヴァリエーションを網羅していたかどうかもわからない。可能性はあったが、実現しなかった変異もおそらくあったことだろう。一応生まれては来たが、自分の生存を許容する環境ではなく、速やかに絶滅してしまった生物もいただろうし、逆に、本当なら絶滅していたはずが、ちょっとした偶然のために運よく生き延び、さまざまな子孫を産み出すことに成功した連中もいただろう。が、そういった諸々の可能性については考えてみても始まらない。

いずれにせよ、度重なる変異のうちに、地球上の動物はいま見るような多様性を獲得してきたのであり、それは可能な全ての形のうち、かなりのものをすでに実現してきたと言えるのではなかろうか。ならば、いま見る生物の多様性は、過去の祖先から見たとき、「実現するに至った自らの将来の、あらゆる可能性の具現」ということにはならないであろうか。「もし、明治維新が起こらなかったら」、「もし、産業革命がなかったら」のような仮定のもとに、人はいまとは異なった「あったかもしれない社会」を想像することがあるが（マンガの『銀魂』のように）、現実の生物多様性は実際、「もし、この動物の進化が別の方向に進んだら」という可能性をいくつも同時的に重ね合わせ、いま我々の目の前で一挙にその姿を現していると言っていいのである。

言い換えるなら、いま我々が見ている現実の多くの動物、チンパンジーや、オニイソメや、アオダイショウや、オオグソクムシや、ジンベエザメや、ヌタウナギや、ニセクロナマコや、タコクラゲや、ノコギリクワガタなどは全て、「もし進化が別の方向に進んでいたら、私はいま頃どんな姿をしていただろう」という、異なった生命進化のシナリオの具体例の数々なのである。それを実際に「多様性」としていま目の当たりにしているのである。

自分の子孫はホモ・サピエンスになるチャンスもあれば、ヒトデになるチャンスも、タコになるチャンスも、ハエになるチャンスもあった。そのどれにもなれずに絶滅してしまう子孫も無数に存在した。個体に生ずる運命は常にただ一通りだが、生物の系統に生ずる運命は幾度も分岐し、しかもそれによって生成した可能性が同時に共存する。だからこそ、さまざまな動物がこの地球に存在しているのである。進化系統樹はしたがって、動物の祖先に生じた分岐宇宙、SFでいうところの「パラレル・ワールド」の数々の可能性がまとめて一つの世界、つまりはこの地球に同時に実現し、同時に存在している状態ともみなすことができる。

ならば、「DNA」のような複製素子と、「細胞」という体の構成単位から進化しうる多細胞生物としての地球外生命が、ほかの天体でどのような様態を示すかという可能性もまた、すでに地球上の生物多様性の中にある程度示されているということにはならないだろうか。この宇宙で起こりうる、あらゆる可能性のかなりの部分を、すでに我々は見てしまっているのではないかと。言い方を変えれば、ヒトと昆虫の差異は、まさしくヒトと宇宙人の差異と同質・同レベルのものでありうるのではないかと。もし、SF小説家にして天文学者でもあったフレッド・ホイル(1915–2001)が考えたように、DNAが宇宙のどこかで成立した汎宇宙的な分子だということになれば(その仮説は証明されてはいないし、私は間違っていると思うが)、その可能性も一概には否定できなくなる。つまり、「生物の取りうる可能な形は、いま、もしくは過去の地球にすでに実現してしまっている」のだと(『スターシップ・トゥルーパーズ』(1997)に登場した、昆虫にしか見えない「バグズ」など、そういった宇宙生物の典型だ)。その意味で、人間にとって「無脊椎動物はまるで宇宙人だ」という見方も、決して比喩や誇張ではなくなるのである。SF映画に登場する多くの宇宙人が、しばしば脊椎動物以外の生物を彷彿とさせるのはしたがって、あながち無根拠とも言いきれないのだ。おそらく、本物の宇宙生物を解剖する機会があれば、私はそのときも昆虫を初めて解剖したときと全く同じ感慨を込めて、「まるで宇宙人だ」と言うのであろう。

いま一つの可能性は、「それでも、同じ祖先から始まって地球で進化した限り、それはせいぜいのところ地球生物にしかすぎない」という見解だ。どういうことかというと、「DNAと細胞を持つという、ただそれだけのことですら、充分に多様化の可能性を狭めうる地球特異的な拘束要因と見るべきであり、そこからどれほど多様に、かつ、極端に進化した生物であろうとも、常に充分に地球生物らしいものしか生まれてこない」、「生物の本当の宇宙的可能性は、我々の想像を超えて遙かに広い」、という発想である。それは、原子や分子の本来的な可能性を考えれば、地球のものと似た生命の基本単位を考えること自体が限定的なものの見方にすぎないという、ややエピクロス学派にも似た立場である。逆に言うなら、それほどまでに異なった地球外生物は、もはや地球的意味での解剖・生理学的概念すら共有していないことになる。ただ残念なことがあるとすれば、そのような地球外生物は、我々の食料にはならないし、天然資源をめぐる競争も起こりにくい。ならば、『スター・ウォーズ』や『スタートレック』のシリーズに見るような戦争も起こらないであろうし（宇宙船の燃料をめぐる闘争は別だが）、『エイリアン』に登場したようなモンスターを怖がる必然性もなくなる。彼らにとって、我々の体を構成する分子が栄養となるのかどうかさえ保証されてはいないのだから。

かくして、我々は宇宙に異質なものを求めながら、同時に自分と共有できる何らかのクォリティを求めている。それが、我々の夢想を形成する。「We are not alone」に込められた我々の夢の正体は何なのか、映画やドラマや小説などからさまざまな題材を拾い、吟味することによって浮き彫りにしよう、そして我々の想像の幅を広げてみようというのが本書である。お楽しみ頂ければ幸いである。

目次

第二章 超系宇宙生物群(ウルトラ)——地球外来種とその生存戦略

第三章 地球外文明論——映画の中の異星生命

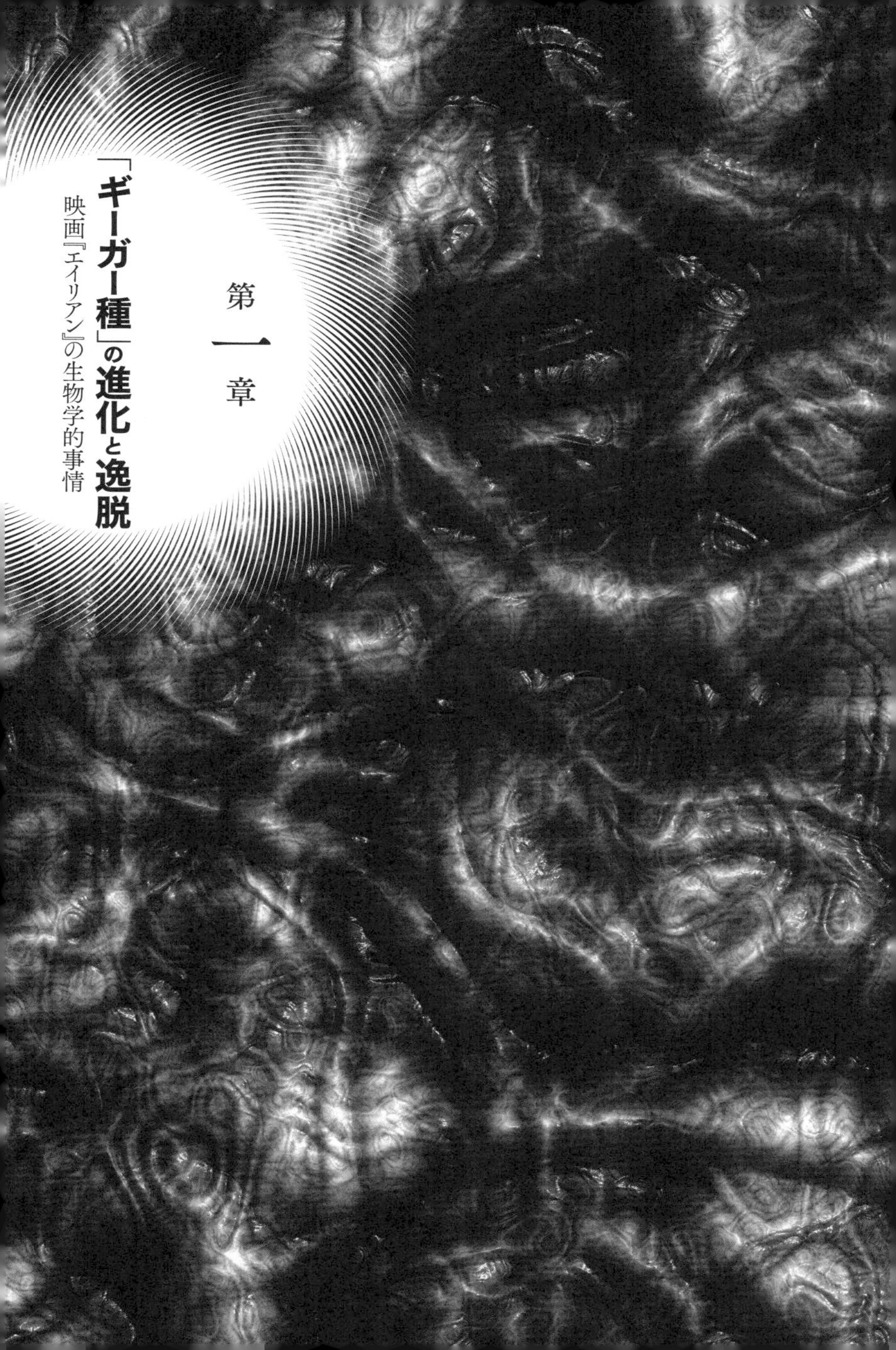

第一章

「ギーガー種」の進化と逸脱

映画『エイリアン』の生物学的事情

1——エイリアンの生物学

リドリー・スコット監督による、記念すべきシリーズの第一作、『エイリアン』(1979)は、私にとって映画のオールタイム・ベスト5に入る傑作だ(ほかの四作はまだ決めてないが、『ブレードランナー』(1982)と『怪獣大戦争』(1965)は間違いなくそこに入る)。まだ学生の頃だったか、この映画の封切り直前、創刊されたばかりのSF映画雑誌『スターログ』での紹介記事を立ち読みしたときの衝撃はいまでも忘れられない。

まずもって、映画全体を覆うゴシックなデザインコンセプトが素晴らしい。いまでは当たり前になったこの禍々しい風味は、それまでの類似の映画には全くなかった。それもそのはず、モンスターや異星人の宇宙船のデザインはスイスの画家H・R・ギーガーの手になるもので、それはラブクラフトの怪奇小説と悪夢をベースに作り出したという、生物と機械が融合した、美しいまでにグロテスクな代物だった。したがって厳密にいえば、この怪物の模型は半分芸術品としての価値をも持つ。

ホラーの品格

『エイリアン』とはそもそもどういう話か。鉱石採掘船「ノストロモ号」の乗員が、小惑星LV426

に遺棄された異星人の宇宙船を発見、その探査に出かけるのだが、乗組員の一人ケインがその船内で「卵」のようなものに遭遇し（これを以下に「第一の卵」と呼ぶ）、それを観察しようと顔を近づけた瞬間、中から幼生らしきものが飛び出し、ケインに「第二の卵」を生みつける。どうやらこれが本物の受精卵であったと覚しい。

ケインは昏睡状態に陥るが、数時間後、何事もなかったかのように覚醒する。と、ケインの体内から小さなモンスターが胸郭を破って生まれ出る。無論、ケインは最初の犠牲者として命を落とす。一方、モンスターは成長し、宇宙を航行する鉱石採掘船という閉鎖環境の中で、一人、また一人と乗組員を襲ってゆく……。

「宇宙では、あなたの悲鳴は誰にも聞こえない」というのが、当時のキャッチ・コピーであった。この映画に大きな影響を与えたといわれるマリオ・バーヴァ監督の怪奇SF映画『バンパイアの惑星』（1965 後述）もまた、ゴシック感溢れる映画であった。私はゴシックで、ある意味「上品」な話が好きなのである。その点で『エイリアン』は、SF映画である以上に、吸血鬼伝説やドラキュラの末裔だということができる。

「エイリアン」とは本来、「異人」の意味である。映画『エイリアン』以来、それは宇宙のモンスターを指す単語として定着したが、外国へ行けば我々も立派な「エイリアン」である。第二作の『エイリアン2』では、お調子者の海兵隊員ハドソンが同僚のヴァスケスをからかい、「コイツってば、不法入国者（illegal aliens）の退治だと思って志願したんだってよ」と言う場面がある。そんなふざけた態度を引き締めようとゴーマン隊長がわざわざ「異生物 xenomorph」という呼称を用い、それが隊員達を当惑させたわけだ（このくだり、新米のボスに特有の緊張感と気負いがよく表現されていて、身につまされる）。そしてこの瞬間、第一作に用いられた「alien」の意味は解体されてしまった。つまり、第一作のこのタイトルには、「我々の想像をはるかに超えた、異質な生命システムや生態系」という意味が込められ、それこそがこの映画の本来の価値だった。以降ではそれをネタバレ満載で説明する。

生物学的分析の試み

『エイリアン』には、いくつか削除された伝説的なシーンがある。それらを加えた、いわゆる「ディレクターズ・カット・バージョン」も、いまではDVDで簡単に見ることができる。そのうち、あるシークエンスが本稿ではとりわけ重要である。

主人公の女性乗組員リプリーが、ノストロモ号を徘徊するうち、エイリアンの習性の一つとして、犠牲者を卵に変形させる現場に出くわす。つまり、最初の犠牲者ケインから出てきた幼体が、宇宙船内の残飯とかゴミとか、宇宙食の材料になる不潔な有機物を食べて成長し、新たな犠牲者に何かを産みつけ、大きな卵（つまり、「第一の卵」）に「変身」させるのである。この映画の設定では、どうやら乗組員の宇宙食が乗組員自身の排泄物を含む様々な有機物から再合成されているらしく、それは航海士のランバートが原材料についてこぼす「考えたくない」という愚痴に暗示されている（確か、小説版における記述だったと思う）。こうした設定もかなりSF色を高めている。

ちょっとわかりにくいが、LV426の異星人の宇宙船で発見された無数の大きな卵は、どうやら本来その船の乗組員が変貌させられた結果としてできたものだったらしい（察するに、この卵の殻は犠牲者の組織からできている？　後述）。この大きな第一の卵の中から出てくるのは、クモの胚かカブトガニ状の小型の幼生で（「フェイスハガー facehugger」と呼ばれる）、これが犠牲者の顔に張りつき、食道か消化管に産卵管を伸ばし、「第二の卵」を産みつける。それが成長すると最終形態の小型個体、つまりチェストバスターとなる。

このような複雑な「生活史 life history」は、地球の動物にはちょっと見られない。犠牲者の体内に卵を産みつける昆虫ならいくらでもいるが、エイリアンの人生には、もう一つ複雑なサイクルが付随している。「生活史」というのは、生物が卵からどのように親になり、繁殖して死んでゆくかという変化の過程を言うが、最近では、特に核相や遺伝子に注目した「生活環 life cycle」を区別していうことが多い。しかし、幼生形態や受精様式などを考えると、生態学的、形態学的側面なしに生活環はありえない。私は学生の頃、こういった全ての側面を取り込んだ動植物の一生を「生活史」と学んだので、以下でももっぱらこの語を用いることにする。

生物の生活史をテーマとして用いた生物学SF小説は多い。ニーヴン&パーネル&バーンズの共著になる小説、『アヴァロンの闇』（創元推理文庫SF 1989）はその代表例と言える。人類が入植した鯨座タウ星第四惑星「アヴァロン」のコロニーに、ある日突如として巨大な怪物「グレンデル」が現れ、人間や家畜を殺戮しはじめる。アヴァロンの環境が「一〇〇％安全だ」と聞かされていたコロニストたちは必死にグレンデルの正体を調べるが、それが日頃から見慣れている魚状の生物の変態した姿であるということになかなか気づかない。気がついたのちも、どのようなメカニズムでメタモルフォーゼ（変身）するのかがわからない。結果、人類は苦戦を強いられ窮地に立たされるという、サスペンスに満ちた話だ。この物語の背景には、実際地球上に棲息している両生類の生態が下敷きとしてある。「コイツが怪物の正体だったのか」という話はこのほかにもかなり多い。スピルバーグ監督による昔の映画、『グレムリン』もその変形版と呼んでいいだろう。このように、生物学SFにおいては、生活史におけるメタモルフォーゼの結果、一見無害な生物が思いもよらない恐ろしい姿になるという、その意外性を用いることが多い。以下で考察する『エイリアン』の魅力も、まずもってその生活史それ自体の複雑さにある。

結論から言えば、エイリアンの生活史は「シダ植物」のそれに似る。[*] ちょっと高校の生物学の教科書を開いて思い出してみよう。我々が野外で見るシダは、染色体を二セット持つ（2n、すなわち「複相」の）無性世代であり、これが減数分裂により「核相n（単相）の胞子」を作る。胞子が成長すると「前葉体 prothallium; prothallus」という単相の、性を持つ「配偶体 gametophyte」となり、そこに造卵器と造精器ができ、それぞれ単相の卵と精子を作る（ここは我々と少し似ているが、前葉体のゲノムは我々とは違い、半分しかない。我々は「複相の配偶体」なのだ）。これがシダ植物の「有性世代」だ。そして、胞子が成長してできる前葉体の上に造卵器ならびに造精器ができ、そこに由来した精子と卵子が複相の「受精卵 zygote, fertilized egg」を作る（我々の受精卵と似るが、ここで再び性がなくなっているところが違う）。それが再びシダとなる。

＊――神経学者の村上安則博士によれば、無脊椎動物の二胚虫（ニハイチュウ）の生活史もエイリアンに似るという。ニハイチュウでは成体の中の「軸細胞」内で二種類の幼生が発生し、そのうちの「蠕虫幼生」は成体よりも細胞数が多く体制も複雑だが、チェストバスターが二胚虫の成体、最終形態が蠕虫幼生という比較も成り立つかもしれない。

ツクシの本体であるスギナ（トクサの仲間）もシダ植物の一つで、基本的には同じような生殖様式を採用している。これと比べると、エイリアン最終形態、つまりあのモンスターが犠牲者に生みつける第一の卵の「もと」は、種子というよりむしろ「性を持たない胞子」のように見える。

ならば、シダの完成形もエイリアンの最終形態（成体）も、「複相のゲノムを持つ無性世代」で、その意味でこれらは両者とも「胞子体 sporophyte」と呼ぶべきであり、成体エイリアンは男でもなく女でもなく、その体内で減数分裂が行われてできる核相nの無性の胞子が、犠牲者（人間）の体内に生みつけられるらしい。つまり、犠牲者たちは異なったフェーズにある異なった二種の卵（うち片方は胞子）を産みつけられる第一段と第二段の宿主として用いられ、エイリアン生活史におけるそれらの意味はそれぞれ異なっている。もちろん、一人の人間が両方の宿主になることは機構上不可能である（よかったね）。前葉体に相当するのは犠牲者の人間（しばしば新しい死体か、もしくは昏睡状態）の中に生みつけられた胞子から成長した「フェイスハガー」であり、どうやらこのカニ状の動物が発生するのは、エイリアンの胞子由来の組織と、犠牲者の組織のアマルガムからなる楕円形の構造物の中と推定される。

さて、ここからが問題だ。おそらく第一の卵の殻は、前葉体（フェイスハガー）形成に先だって、胞子の作用により犠牲者の組織から再編成された構造らしい。映画ではそのように見える。そして、犠牲者の組織の大半は卵黄や卵白に相当し、それがフェイスハガーのための栄養源となる。同時にフェイスハガーそのものも、造卵器と造精器を自らの体内で作っており、そこで第二の卵（複相）が自家受精するに至る。この受精卵が次の犠牲者に植えつけられ、寄生動物として犠牲者の体内で成長し、ある程度大きくなると犠牲者から飛び出して自活を始め、最終形態、すなわちシダ植物でいう胞子体（無性世代のいわゆるシダ）に相当するエイリアンモンスターとな

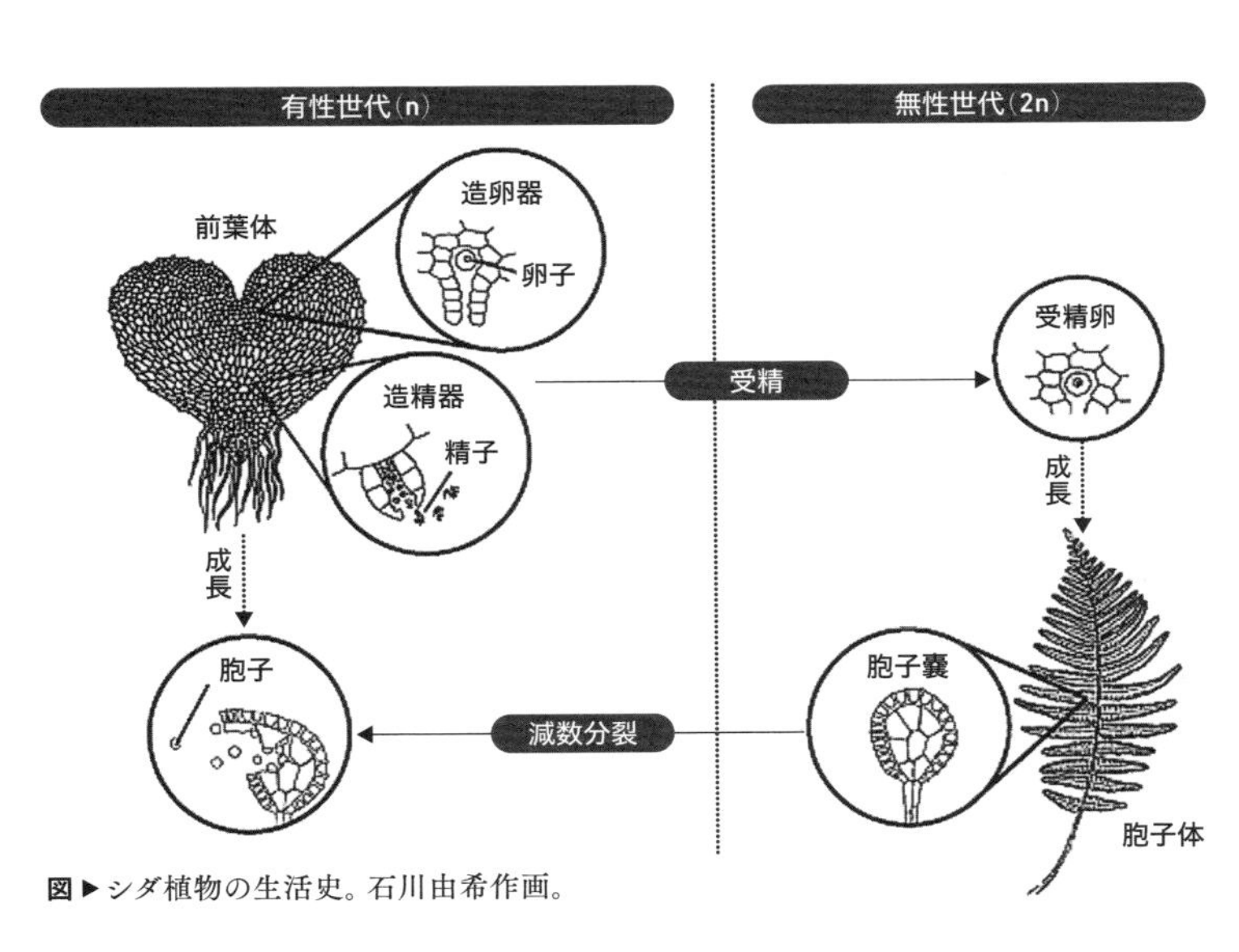

図▶シダ植物の生活史。石川由希作画。

るのであると……。

ちょっと待て。確か、あの大きな卵は、宿主（犠牲者）が近づくとそれを感知し、口を開け、中からフェイスハガーが飛び出すのであった。ニワトリの卵殻にそんな芸当はできない。ということは、あの卵殻それ自体も一種の動物的機能を備えた有機体なのか。あるいは、あれはあくまで単純な機械的反応にすぎず、温度その他のシグナルを感知すると、中のフィラメント的構造が収縮するとか何かで、自動的に口が開くというのだろうか。

前者の仮説に立てば、何か種子植物（それも、被子植物）の重複受精によって胚乳ができるような過程があるということになるのだろうか。しかし、さすがに胞子にはそんな上等なことはできないだろう。ならば、胞子の分裂に際して前葉体原基が二つに分裂し、一つはフェイスハガーに、ほかの一つは卵殻装置となるというのはどうか。後者は動物的構造なのだが、発生過程が極端に退化し、ごく単純なセンサーと神経系、そして卵の開口部の蓋を開閉する輪状筋と縦走筋を分化させるに留まると想像できる。この殻を分泌したのがモンスターであろうという仮説もある。が、これにはだいぶ無理がある。四枚のフラップが開いたときに見えたと思うが、卵殻壁の内面には、分厚い動物的組織が形成されていたからだ。やはり、フェイスハガーは双子の兄弟の片割れで、それは兄か弟の変身した卵殻の中で成長するというわけか。

いやいや、もう一つの魅力的な仮説がありうる。つまり、あの肉質の卵殻が本来フェイスハガーの体の一部だと考えるのである（ガラガラヘビの「ガラガラ」の部分のような）。殻とカニ状の動物は一つの連続した動物個体の部分であり、フェイスハガーが飛び出す際、殻の部分が体からちぎれるというわけ。少なくともこの仮説は、犠牲者の存在を感知し、蓋が開くと同時にフェイスハガーの活動が活性化するという、独立した二つのイベントが同期しているということをも上手く説明する。私はこれに一票。

いずれにせよ、ヒトの体型を思わせる直立二足歩行の最終形態エイリアンは無性的存在で、それは単為生殖的に増え続ける。本来は自家不和合性で有性生殖を活用し、進化を早め、適応度を増大させていた時代(K戦略)もあったのかもしれない。が、安定した寄生戦略方法を得、いまや彼らはひたすら個体数の増加を重視する「r戦略モード」に入っているらしい。つまり、以前は有性かつ雌雄同体のフェイスハガー同士が交尾し、受精卵を比較的小さな犠牲者に生みつけて地道に繁殖していたはずなのである。おそらく、その生殖様式は地球の軟体動物のそれに似たものであったことだろう(卵を産むと死ぬところも地球の軟体動物と似る。しかし、シリーズ三作目では、二度目の卵を産むケースもあることが示された)。

以上のように推測されるエイリアンの生活史は、地球に住む人間の常識をはるかに越える。だからこそ異生物としての「エイリアン」なのである。ならば、シダ植物に「女王シダ」が存在しないように、エイリアンにも本来的にクイーンは必要ない。クイーンがいるということは、それが有性世代の核相2nの存在だということであり、それは雌性配偶子を作ることを意味する(配偶子gameteとは、有性生殖において合体し受精卵を形成する卵や精子などの単細胞の総称)。そして、クイーンが産み出す「働きエイリアン」もおそらくみなメスなのである。それは上のシナリオと矛盾する。加えてオスが見当たらないし、フエイスハガーの存在意義も上手く説明できない。*

*――シリーズの第二作『エイリアン2』において最も不自然だったのは、エイリアンの卵とクイーンを目の前にしたリプリーを見て、遠慮がちに引き下がる働きエイリアン、もしくはソルジャーが一匹いたことである。まるで、女同士の戦いに男は口を出さないとでもいうような風情のこのシーン、社会性動物としてはちょっとおかしい。社会性動物のコロニーにおいて、率先して敵に立ち向かうべきなのはむしろソルジャーのほうなのだから。それに、このソルジャーもメスだったはずなのだが。

付言するなら、『エイリアン』のディレクターズ・カット版では、モンスターの露出度が若干高く、追加されたシーンでは、モンスターが擬態しながらワイヤーにぶら下がっているという、興味深いシーンが映し出されている。これは、社会性動物ではなく、単独行動(一匹狼)のハンターがやりそうな行動パターンである。『エイリアン』にも、『エイリアン2』にも、それなりの生物学的リアリティがあり、それは生物としてのリアルな生活史や行動パターンや繁殖戦略などが全て詰め込まれた生物的存在感を伴っている。問題は、それがシリーズを通して一貫していないということなのだ。次節では、この問題をもっと深めてみよう。

初出:『日本進化学会ニュース』vol.19 no.1 (2018) に加筆訂正

2——「エイリアン世界」とその変貌

いまさら言うまでもなく、第一作の『エイリアン』は恐ろしさに関して凡百の映画をはるかに超えている。しかも、見ようによってはこれ以上ないぐらいにグロテスクである。あらためてネタバレの誹りを覚悟で書くが、ケインの胎内に宿った寄生生物（幼生）が、胸部を食い破って出てくるところがとりわけ凄惨である。ランバート役のヴェロニカ・カートライト（私の世代には忘れられないアメリカのＴＶドラマ、『宇宙家族ロビンソン』において可愛いペニー役を演じた女優の妹さん）が本当に気持ち悪がって悲鳴を上げるのを見ることができる。どうやら、あれは演技ではなかったらしい。私はこの映画を、高校時代のクラスメートの女の子と見に行ったのだが、小説を読んですでに内容を知っていた私は問題のシーンが近づいてくると怖くて溜まらず、彼女を連れてきたことをかなり後悔した。幸い、醜態をさらすことにはならなかったが。

しかし、である。すでに述べたように、『エイリアン』は恐ろしいと同時に上品でもある。ホラー映画における「上品さ」とか「気品」というのがまたクセ者で、それを何と表現してよいのか自分でもよくわからない。が、たとえば、クライブ・バーカーというイギリス現代ホラー作家の手になるホラー小説が私のいう「上品」なホラーの典型といってよいかもしれない。映画化されたものでは、ヘル・

レイザー・シリーズ(1987–)や、『ミッドナイト・ミート・トレイン』(北村龍平監督)がある。後者がまた、いかにもバーカー的な作品で、ヘタに作るとただのグロテスクなスプラッター映画になってしまっただろうが、なかなかどうして素晴らしくよい出来に仕上がっていて感心してしまった(『ヘル・レイザー』におけるクレア・ヒギンズの演技も素晴らしい。彼女と水野久美と左幸子は、私にとって永遠の女優である)。残酷であることは確かなのだが、そこに一種の気品とか、確立された様式美とでも言うべきものがあり、それこそがホラー映画に宿る芸術的価値なのだと思う。つまりそれが、あの「宇宙的恐怖」を描いたことで有名な二〇世紀の小説家、H・P・ラブクラフトの諸作品にも通ずる「ゴシック・ロマンの美学」なのである。

残酷さや恐怖の彼岸にある荘厳なクオリティ。ファンの方々には申しわけないが、『悪魔のいけにえ』(トビー・フーパー監督)を代表とするスラッシャー系とか、いわゆるゾンビ物には、この気品が決定的に欠けている(もちろん、それはそれで見るべきものがあり、私は決して嫌いではない)。意外に思われるかもしれないが、上のような基準からすると、『セブン』(デヴィッド・フィンチャー監督)も、『羊たちの沈黙』でさえも、しっかりと「この世」に足を着けた作品であり、そのゆえにここで言う「品格」に関しては物足りないのである。

不条理の中身

さて、ホラー映画における品格なるものを分析すると、犠牲者が「なぜ殺されなければならないか」

という不条理の「質」が、そもそも映画ごとに違うということに気づく。たとえば、『羊たちの沈黙』にせよ、『悪魔のいけにえ』にせよ、犯人の行動にどれほど殺しの哲学とか美学を盛り込んだところで、それが人間の所業である限り人間的理解を超えることは決してない。たとえそれが幽霊や怨霊であっても、出自が人間である限り話は同じである。人間の引き起こす事件であるなら、所詮それは社会問題の一つでしかなく、どんなに残酷であろうと、情けなかろうと、そこに作用する欲望や怨恨もまた、精々のところ人間的感覚や価値観の延長にしか存在しえない。つまり、殺人劇も人間的想像力からしか出てこざるをえず、悪く言えば下世話で所帯じみたものにしかならないのだ。こんなものは、たとえばアンソニー・ミンゲラ監督の『イングリッシュ・ペイシェント』に見る本物の不条理に比べれば、ものの数ではない（私はこの映画、並みのホラー映画顔負けの根源的「怖さ」を持っていると思う。「もう一度見ろ」と言われても拒否する）。

ところが、『エイリアン』や『ミッドナイト・ミート・トレイン』において犠牲となる人間は、こういった普通の人間的論理では決して殺されない。むしろこれらの映画における恐怖の根元とは、人間の想像や理解を受けつけない、我々とは全くレベルの違う論理の中で「単なる栄養源」として扱われるという、崇高なまでの無慈悲に尽きるのである。地球を越えたレベルの生命論理を前に、人間は初めて自らの存在の卑小さを実感し、戦慄せざるをえなくなる。そこが怖くもあり、また気高くもあるわけだ。そして、人間の卑小な理解を受けつけないこの状況が「エイリアン」という語に込められた意味なのである。我々が所詮、壮大な宇宙史においてたまたま生まれ出た小さな有機物の塊にすぎないことを思い知らされる。そのような恐怖に垣間見える崇高さを、あえて私は「気品」と呼ぶのである。強いて言えば、寄生性昆虫の犠牲になり、身動きの取れないままに悪魔のような幼虫に食われるイモムシの心境か。

そう、視点を変えれば、昆虫の世界では信じられないような残酷な食い合いが日常的に起こっている。それが人間のスケールや人間の痛覚のレベルで起こったとしたらどうか。実際にそんな不幸に遭遇したら実現するであろう恐怖とでも言えばよいか。クライブ・バーカーやラブクラフトの描く恐怖の世界観がエイリアン世界と通ずるのはまさにこの点においてであり、人知を越えた恐怖に初めてわき上がるおののきが、つまるところこの気品を形成する（余談になるが、ラブクラフトの作品を漫画化した田辺剛氏による諸作品は、素晴らしいの一言に尽きる。間違いなく同質の気品に溢れている）。

ただし、エイリアン・シリーズ中でこの手の気品が横溢していたのは残念なことに第一作目だけで、それが失われたそもそもの原因は、第二作目『エイリアン2』にある。エイリアンの生態が、地球でもよく知られるハチやアリのような「社会性昆虫の変形版」に堕落してしまったのである。しかもプロットが五〇年代の巨大アリの映画、『放射能X』に酷似する。確かに娯楽アクション映画としては面白かったのだが、第一作目の『エイリアン』が開拓したはずのラブクラフト的ゴシックホラーの気品が、外惑星におけるただの害虫駆除になってしまったことは否めない（もはやそれは『スターシップ・トゥルーパーズ』の世界だろう）。むろん、これは単に趣味の問題だ。私も『エイリアン2』は決して嫌いではないし、それが気軽に見ることのできる、いわゆる「スカっとするよい映画」であることは否定しない。それどころか、エンターテインメントとして、この映画を凌ぐものは滅多にない。が、多少疲れても、気合いを入れて対峙すべき第一作に付随する独自のクオリティを大事にしたい。確かに考えてみれば、このような映画のクオリティを維持したまま続編を作るというのは、かなり大変なことだったであろうし、それはほとんど無理な相談だ。仕方がない。興行的にはジェームズ・キャメロンで正解だったのであろう。とはいえ以下では、ここのところを少し生物学的に分析し、それによってホラー的気品の中身を解明してみようと思う。

恐怖の生物学

「エイリアン通」の方ならご存じのように、第一作劇場公開バージョンにおいて削除されたシーンでは、前葉体を育てるための「第一の卵形成過程」が描かれていた。第二の犠牲者となった技術者のブレットは、いまやほとんど殻で覆われようとしており、頭部全体が腐敗し、頭髪もほとんど抜け落ち、身体が半ば溶けかかっている。第三の犠牲者、ダラス船長にも前葉体形成が進行しはじめていることは明らかで、エイリアンの分泌した物質で身体が壁に固定され、もはや動くことができない。が、朦朧としながらもまだ意識はあるようで、目の前のリプリーに微かな声で「殺してくれ」と懇願するのだった。おそらく、前葉体の外殻形成には耐えがたい苦痛が伴うのであろう。

かつて恋人でもあったダラスを苦痛から解放するため、リプリーは火炎放射器を彼に向ける。これは、未知の宇宙生物的繁殖論理を目の前に、地球の知的生物であるリプリーが、地球的慈悲の論理をやっとこさ押し通すシーンである。この二人の犠牲者が焼き殺された時点で、その場限りではあったが、地球人的倫理が一矢報いたのである。したがって、エイリアンの論理が醸し出す恐怖の気品を強調しようというのなら、確かにこのシーンはなくてもよかったかもしれない。むしろ、火炎放射器を向けた瞬間にエイリアンがその場に出現し、リプリーを突き飛ばし、それと同時に前葉体形成過程の一環としてダラスの下半身が卵黄として再編成され、ダラスが苦痛のため絶叫、リプリーが耳を塞ぎ、命からがらその場から逃走するというようなシーンにすればなお効果的であったかもしれない。が、それではストーリーが冗長になりすぎたであろう（何しろその時のノストロモ号は自爆モードに入っており、もはや一刻の猶予もなかったのだ）。おそらく、そういったことが理由でこのシーンはカットされることになったのではなかろうかと想像する。

これだけ情報の詰まったシークエンスが一挙に削除されたため、第二作ではエイリアン生活史の核心的部分が全てなかったことになり、設定を作り替えるチャンスをジェームズ・キャメロンに与えてしまった。* 結果、エイリアン最終形態は「働きバチ」の座に引きずり下ろされ（それは全て核相2nのメスであり、かつ卵を産む能力を持たない）、生殖を行うのが女王エイリアンのみになったばかりか、「オスのエイリアン」の正体が説明されないまま話が終わってしまった。いわば、エイリアンという宇宙生物は地球人にとって非常にわかりやすくなり、その時点でただの怪獣映画になってしまったのである。

*──映画『エイリアン2』では、リプリーが「一つの卵からエイリアンが一体生まれるのよね。じゃぁ、いったい誰が卵を産

んでいるのかしら？」と聞き、アンドロイドのビショップが、「さぁ、それは我々のまだ知らない何者かということになるな」と答えるシーンがある。むろん、のちにクイーン・エイリアンが初登場するための伏線だ。しかし、この会話は、劇場公開版の『エイリアン』において、問題のシークエンスがカットされたことによって初めて可能となったものであり、原作に基づくのなら、卵ができる過程を目の当たりにしていたのは、当のリプリーだけだったはずなのである。

以来、「女王エイリアン」はシリーズに定着することになった。確かに女王エイリアンそれ自体は面白い発想であったかもしれない。足の形がハイヒール状になっているところも造形的に面白い。が、「エイリアン」という物語が本来備えていたはずの気品はどこへ行ってしまったのか。社会生活を営み女王を頂くエイリアンなど、すでに我々の常識を越えるべき「エイリアン」の名には値しない。それはすでにどこかで見た、いや、どこにでもいる、ありふれた社会性昆虫の一つにすぎない。極論すれば、理解できた時点でそれはすでに半分怖くなくなってしまうのだ。

同様の理由で、映画『プレデター』に登場する宇宙人も、イニシエーションに似た儀式としての狩りを行い、しかもトロフィーを集める習慣を持つという、やることなすこと地球人と全く変わらない、どこかの部族のような親しみの持てる存在なのである。もう、一〇〇％意思疎通可能な宇宙の友人なのである。あげくにエイリアン・モンスターとプレデターが戦ったところで、どこかの部族が巨大アリ相手にレジャーとしての狩りを楽しんでいるようにしか見えない。こんな、どこかのテーマパークで出し物を見せられているような映画に気品など醸し出されるわけがないし、面白くも何ともない。というわけで、第一作『エイリアン』を溺愛する私が、リドリー・スコット監督の『プロメテウス』(2012)

をどれほど心待ちにしていたかがわかろう。ところが……。

『プロメテウス』の問題

エイリアン・シリーズ前日譚としての『プロメテウス』に関しては、賛否両論が分かれることだろう。私はやや「否」の方だが、この映画にも独特の味わいがないわけではなく、それら全てを否定するつもりは毛頭ないし決して見ないわけではない。しかし、最初私がこの前日譚を初めて見たとき失望した明確な理由があったとすれば、それはもっぱらエイリアンと人類を取り巻く「宇宙観＋歴史観の崩壊」に尽きる。その崩壊の最初は「エンジニアたち」の設定にこそある。

まず、第一作の『エイリアン』がどのような宇宙観に根ざしていたかを思い出そう。この映画がお手本としていたイメージは、よく知られるように、H・P・ラブクラフトによる「クトゥルー神話」であった。人間とは全く異質の存在に恐怖し、おののくようなクオリティの源泉がそこにあった。むろんここには、H・R・ギーガーの画集『ネクロノミコン』に見る悪夢的創作が映画のデザイン設定に用いられたということが関わっているが、そもそもそれが発端であったのか、あるいは結果だったのかわからない。が、いずれにしてもそれらに通底する深遠な宇宙イメージが、『エイリアン』の醸し出す雰囲気を決定的なものにしていたことは確かである。

この神話体系においては、過去の地球に我々とは全く異なった生物集団からなる先住民族（あるいは生物相：エイリアン・ファウナ）がいたという歴史的経緯が想定され、その禍々しい殺戮の歴史が人類創成とも関わっており、それらのこと全てが、彼ら先住生物の生き残りやその生存の残滓が現代の世界でいまなお尾を引きずっていることの背景となっている。この壮絶で広大な神話体系の一部として『エイリアン』が作られたわけでは必ずしもないが、同じテイストの体系が宇宙的規模で想定されていることは、惑星LV426においてダラスらが遭遇した巨大な体躯の宇宙人の姿から容易に想像できる。「スペースジョッキー」と呼ばれるこの異星の巨人は、ラブクラフトの小説において、南極の洞窟の奥深くで探検家が遭遇する、禍々しい者たちの化石化した遺骸と同じ意味を担う。この宇宙人（スペースジョッキーとその仲間たち）は、人間より遥かに大きく、『バンパイアの惑星』に登場した遺棄船内のエイリアンにも近い存在だ。そのサイズは間違いなく『プロメテウス』に登場したエンジニア達を遥かに凌ぐ。このような異形の存在を目の当たりにするということが、宇宙的広がりそのものに対する恐怖なのである。

したがって、彼らを「エンジニア」と呼び、「人間の創造主」としてしまうのは、この宇宙をむしろ矮小化してしまうのではないかと思うのだ。実際、映画を見比べてみると、卑小な人間に比して格段に大きいスペースジョッキーが、『プロメテウス』において著しくダウンサイズしていることがわかる。これは単なる物理的縮小という以上に、物語の宇宙的規模のダウンサイジングに繋がっていることに注意しなければならない。このようなリサイジングを伴う設定は、この宇宙がどこまでいっても人間と関係のあるローカルなものでしかないと思わせるばかりか、「エイリアン」の本来の意味、「自分とは縁もゆかりもない異質な者」という意味合いを果てしなく薄れさせてしまう。加えて『エイリアン：

コヴェナント』に至っては、エイリアン・モンスターの出生秘話が解説されるが、これもまた、「エイリアン」の語に込められた意味内容を否定してしまっている。むしろ、この宇宙において、「エイリアン・モンスターの存在に最も責任があるのは人間だ」という話になってしまっているわけだ。ラブクラフトやギーガーといった、悪夢の水先案内人たちの天才によって創造された宇宙観が、ついに根絶やしにされてしまったわけである。

むろん、私はスペースジョッキーが人と同じ解剖学的構築を備えたヒューマノイドであってよいとは思っていなかった。むしろ、人間より頑強な構造を備えた、半節足動物型の生物であって欲しかった。それこそが宇宙の深遠さを示し、その故にこの宇宙人達を食い尽くしたエイリアン・モンスターが怖ろしげに思えるのである。「本来、人間とは全く無縁であった、遠い宇宙のどこかで成立していた生態系や食物連鎖」の中に、いきなり人間が放り込まれる悪夢的恐怖が倍増するのである。「エイリアン」という語はしたがって、このような宇宙生態学が人間にとって本来疎遠であるのと同時に、人間もまた、モンスターから見ればちっぽけな「エイリアン」でしかないことを嫌でも想起させる。人間とは結局、夏の夜に光に引き寄せられてたまたま飛び込んできた、本当なら出会うことのなかったはずの珍しい虫の一匹にすぎないのである。

「アース」が生んだ世界観

さて、宇宙生物学談義に戻ろう。そもそも生物の生活史戦略というのは、どのように多様化するに至ったのだろう。プラナリアやクラゲの仲間が、様々なタイプの生活史を取り混ぜて適応しているように、シダ植物的戦略とクイーンを持つ社会生物学的戦略を組み合わせて生きているエイリアン、といった解釈も可能かもしれない。そもそも、ある時点から互いに独立に進化した植物と動物が、互いによく似た生殖方法に行き着くことがありうるのか（もっとも、エイリアンの母星における植物の生活史はまだ知られていないのだが……）。いやいや、哺乳類と種子植物において、よく似たゲノム・インプリンティングの方法が進化しているという話もある。

いきなり話は逸れるが、昔は「自然の階梯」とか、「存在の階梯」と呼ばれる考えがあって、この世のあらゆる「もの（生きものだけではなく）」を一種の連続的序列として理解しようというのが本来の西洋の自然観であった。これは一種の分類体系でもあり、「空気」が最も下位の存在で、次に「火」、「鉱物」と続き、「植物」、「動物」そして「人間」という順序で、徐々に高等になってゆくのだという。何となく言いたいことはわかる。分類学の始祖、リンネの分類学では、「動物界」、「植物界」、「鉱物界」が区別され、それらの間に序列は仮定されなかったが、それでも植物を動物よりも低い存在と見なす何らかの「傾向」、人間の知覚の一般的な「偏向」は、現在に至るまで常にあり続けてきたのではないかと私は考えている。それを示す証拠は、いくつかのSF映画やドラマにも見ることができる。

たとえば、『猿の惑星』オリジナル・シリーズ第一作では、ある惑星（実は未来の地球）に不時着したパイロットが、人間の足跡を見つけたか何かで、「動物がいるぞ」とか何とか叫んでいたように思う。しかし、それ以前から周囲には様々な植物（しかも、立派な維管束植物）が生えていたわけだから、生物の一カテゴリーとして動物がいること自体、あまり驚くほどのことではなかったと私は思う。むしろ、「地球のものとよく似た植物が生えているぞ」と言って欲しかった。これだってすでに大発見なのだし（それをいうなら、猿が英語を喋った時点で、気がつくべきことはあっただろう）、それがそもそも、然るべき生物学のリアリティというものである。しかし、『猿の惑星』はあくまでSF的スタイルの「寓話」であるからよしとしよう。この例に限らず、植物がまともに生物扱いされていない例がこの手の映画にはゴマンとあり、その極めつけとも言える説明が、何と私が愛して止まない日本のTVドラマ、手塚治虫原作の『マグマ大使』にある。

たしか、ロケット人間のヒーロー、マグマ大使が「植物怪獣バルザス」という、殺虫剤みたいな名前の敵と戦うエピソードがあり、マグマ大使を作った地球の守護神であるアース様が、「今回ばかりはどうしてよいのかさっぱりわからん」と嘆くのである。いつもは、アース様があれやこれやと有り難い秘密兵器を作り出しては、マグマに授けるのである。なぜ、今回はアース様がお手上げなのか。

彼の言うには、「地球上の全ての動物は、人間も含め全て自分の力で作り上げたのだが、植物は後から勝手に出てきたものであるため（！）、植物怪獣の身体がどうなっているのかさっぱりわからん。だから、どうやったら勝てるのかもわからん」とのことなのであった。これなど、かなり植物を貶めた物言いだと思うのだがどうだろう。ようするに、植物なんかほっとけば勝手にそこらから生えてくると思っているらしい。植物と動物が全く別の出自を持ち、かたやパスツール以前のラマルク進化論的プロセスの結果として（植物）、かたや典型的な創造説の産物として生まれ（動物）、しかも両者が共存して地球の生態系ができているというのは、二〇世紀中盤としてはかなりシュールな世界観だなぁと思っていたら、文学の世界でも同様の珍説があるのだそうだ。何でも、荒俣宏氏によると、フランシス・ジャムという詩人の書いた『三人の乙女』という恋愛小説の中では、やはり全ての植物が(人間とは全然違う)「エトランゼである星から、宇宙風に乗って運ばれてきたんだよ」とのたまう大博物学者が登場するらしい(プラネタリーブックス10『月と幻想科学』より)。ならば、真核細胞の起原はどうなってしまうのか。生物学に片足をおいたこのエッセイの方針としては、「宇宙生物としての植物」というのはさすがにちょっと弁護できない。

いずれにせよ、植物は動物以下の存在だという誤った考えが、どういうわけだか昔からの伝統的通念であるらしく、シダ植物の生活史戦略を持つエイリアンも、「かなり急激な進化を遂げた原始的な動物」という逆説的な存在と見なされているのかもしれない。それともアンドロイド、アッシュの言う通り、「人間を超えた完全無欠の超生物」と捉えるべきなのか。むろん、系統的に早く分岐した動物から、異様に適応度の高い生物が生まれてもおかしくはない。おかしくはないが、普通そういうことは起こりにくい。なぜかというと、あまりに強すぎる動物が進化するような無駄なことは普通ないからだ。ちなみに、地球動物のうちでもかなり原始的な系統とされる刺胞動物(クラゲやイソギンチャクの仲間)は、エイリアンとは別の意味で複雑な生活史を持つ。どうやら、動物の持ちうる生活史戦略の多様性を考えないでは、エイリアンのバイオロジーは理解できないようだ。

初出:『日本進化学会ニュース』vol.19 no. 2(2018)に加筆訂正

3——エイリアンの生活史と社会性

生活史の起原

日本近海で最も普通に見るミズクラゲは、有性生殖を行って普通の受精卵を生むことができ、この卵からプラヌラ幼生が発生し、海底に付着し、いわゆる「ポリプ」を形成する。このポリプはそれ自体、無性的に増殖する能力を持つ一方で、「ストロビラ」に変態することもできる。このストロビラは分節的なくびれをいくつも作り、先端の方からちぎれ、次々に小さな「エフィラ」を放出する。遊泳性のエフィラはいわばクラゲの雛形であり、これが成長して「メテフィラ」となり、さらにそれが大きくなってクラゲ(メデューサ)らしい形を得る。つまり、クラゲは増殖のチャンスを一生の間で三箇所に持つことになる。

一つは親のクラゲであり、これは複数の受精卵を生産する。ポリプもまた複数のポリプになる能力があり、ストロビラも複数のエフィラを作り出す。さらに別のクラゲでは、エフィラを出し切ったストロビラからポリプができることもある。ここで、有性世代は「エフィラからメデューサまで」を言い、受精卵、ポリプやストロビラは無性世代である。したがって、植物だけではなく、動物でも本来的には無性的に増殖するフェーズがフレキシブルに設定できる(もしくは、かつて複数のフェーズで増殖できていた)ことがわかる。考えてみれば、扁形動物のプラナリアも、普段は自分自身を分裂(フィッション)させて増え、時に応じて有性生殖も行うのである。

しかし、核相が変化する(有性世代と無性世代が繰り返す)エイリアンの見かけ上の生活史はやはり、動物よりはシダ植物により近いというべきだろう。シダ植物の胞子に相当する細胞が種子植物において同定できるため、種子植物の生活史が見かけ上、多くの左右相称動物に似るのは、進化の上での二次的な現象にすぎないことがわかる。

ならば、シダ植物における胞子体の優位化(そんな概念があるのかどうか知らないが、目立った「姿＝ゲシュタルト」を獲得して大型化することとでも考えておく)がどのように確立したかを考えると、むしろエイリアンの進化過程が推測できるということにはならないか。現在認められている陸上植物の進化系統樹によれば、その遠い祖先は水草の仲間、「シャジクモ」のような、ある種の藻類であったと考えられている。その中から、コケ植物が単系統群として発したらしい。そのコケ植物のうち「ヒメツリガネゴケ」の生活史が遺伝子レベルでよく研究されており、シダ植物のような生活史の前段階を示すものとして説明されることが多い。

まず、シャジクモとして我々が普通目にするものは、単相の配偶体(つまり、フェイスハガー的)であり、そこに造卵器と造精器ができ、複相の受精卵が作られる。したがって、複相の状態はこの受精卵の時しかないのだが、この複相状態を維持したまま体細胞分裂することができるようになったと考えれば、藻類からコケ植物が進化した様を思い浮かべることができる(陸上植物の進化においてはKNOX遺伝子の重複がその背景にあったのではないかという仮説がある（榊原 2016））。これは、実際の植物進化学において「挿入説」と呼ばれている考え方であり、植物系統樹と整合性が高いことで知られている。

この新しい世代は、いわゆる「コケ本体」ではなく、コケにできる「複相の胞子体」の獲得にほかならない。それは非常に小さな、目立たない構造である。コケ本体はあくまでフェイスハガーと同じ「単相の配偶体」である。エイリアンの成体を思わせる「複相の胞子体」は、本格的に大型化したシダ植物になぞらえることができ、それがそのまま現在の種子植物へ繋がっていくわけである。この、「単相配偶体から複相胞子体へ」という変化の流れが陸上植物「本体」の進化のトレンドであり、これを単純に当て嵌めれば、エイリアンの祖先的段階においては、フェイスハガーを本体として生活環が海中で回っていたような時代がかつてあったのではないかと推測できる。おそらくそれは、地球における甲殻類的な（ただし単相）、海中生活を行う動物であったことだろう。

では、逆に今後のエイリアンの可能性としての進化方向について考えてみよう。言うまでもなく、栄養の面で主体（栄養体）をなすのは複相の胞子体、いわゆる成体エイリアンである。現在の地球上における植物の進化傾向を見るに、おそらく被子植物と同様、複相の胞子体が今後も主体となり、配偶体がその体の上に小さな細胞集塊として退化した状態となってしまうようなことが、エイリアンの種族にも起こるかもしれない（と、第一作『エイリアン』の時点を現在として表現しておく）。むろん、種子植物における配偶体はいわゆる「花」の中にある。ただし、生殖器官としての花の大部分は胞子体の組織より成っており、それは古く詩人ゲーテが看破した如くに、基本的に「葉」のいくつかが局所的に変

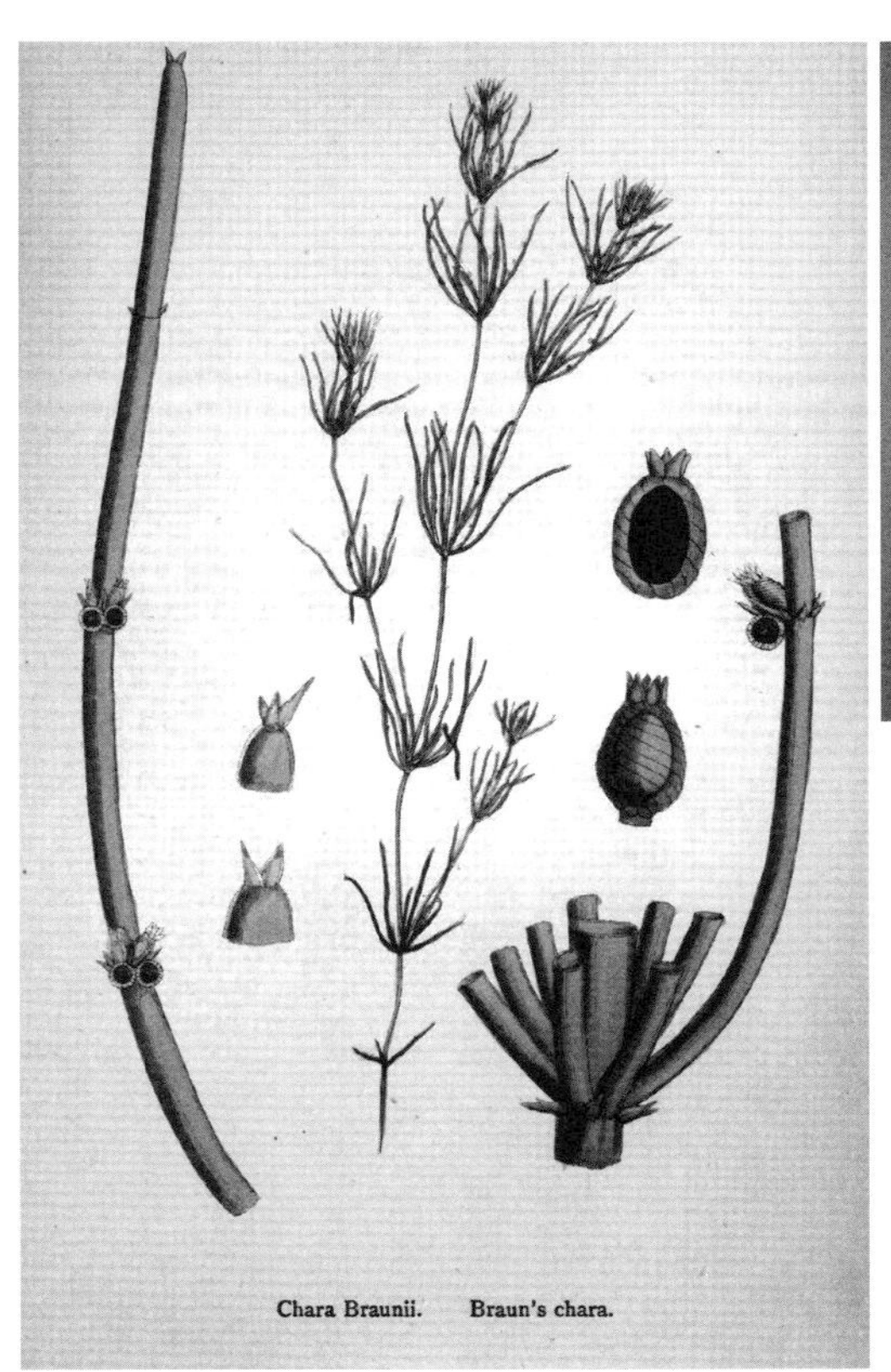

図▶シャジクモ。左は19世紀の博物図鑑より、写真は長谷部光泰博士より提供。

形してできているにすぎない。つまり、種子植物の中で我々の目に映るほとんどの部分は胞子体なのである。そして、生殖器官の中で種子が作られ、それが新たな胞子体としての植物として大きく成長するわけだ。このような存在は、藻類やコケ類には全くみられなかった。

もし、地球の陸上植物が辿ったのと同じような進化がエイリアンにも起こるとすれば、今後エイリアンの生活史の中から、フェイスハガー世代が次第に目立たなくなり、ついには失われていくであろうと予想される。成体エイリアンは胞子体であり続けるから、その体の中に造精器と造卵器が作られ、単為生殖(あるいは自家受精)するか、さもなければ他個体と何らかの方法で交接を行わないかぎり受精ができないことになる。このような状態は地球上の多くの動物と一見類似するが、あくまで成体エイリアンの体は胞子体なのだということを忘れてはならない。

受精には体外受精と体内受精の二つの方法があり、多くの陸上植物では精子が花粉というかたちで放出され、別個体の卵に受精する。したがって、これは一種の体外受精である。動物でもメスの産卵に続いてオスが放精を行うことがあるが、メスの体内で直接に受精させる場合、特に体内受精と呼ぶ。基本的には体内受精の方が難しく、それには特別の外生殖器官が発達する必要がある。おそらく寄生性にならなかった水棲エイリアンの系統では、フェイスハガー世代を失ってもなお、エイリアンはしばらく岸辺から離れて生活することはできず、水中で放卵、放精を行って受精卵を作ることになるのではなかろうか。一方で、映画に見るようなエイリアンは何とかして陸上で滞りなく受精させる機構を発明する必要が生じるであろうし、それは顕著な性的二型の獲得にも繋がるかもしれない。もしそれが成就されたら、エイリアンの繁殖様式はますます地球の動物と非常によく似たものになるだろう。

クイーン・エイリアンへの道

しかし、『エイリアン2』に登場したクイーンは、自分と同じ姿をした子供を産むものではなく、配偶体（フェイスハガー）を大量に生産する「無性のクイーン（多分に語義矛盾だが）」であった。厳密に言うなら、これはハチやアリ、あるいはシロアリのような社会性昆虫に見るようなクイーンではなく、たとえば、シダ植物の群落の中にあってただ一つ、大量の胞子嚢を伴った巨大な葉が出現するようなものである（本章「1」の内容を参照）。それだけは、まず先に言っておかなければならない。一方で、第一作に見たように、エイリアンは単独で繁殖することもできる。これを両方認めるというのは、実は不自然なことではない。

つまり、エイリアンは、多個体で存在しているときには社会性のスイッチが入り、栄養体として最も充実した個体のみが胞子作りに専念し、残りの個体においては胞子形成能が抑制され、働きエイリアンとなるようにみえる。そして、このモードにおいて、ワーカーはせっせとクイーンに餌食を連れてきて、フェイスハガーの養殖場を作り上げる。こうして生まれてきた子供達はみなクイーンと同じゲノムを持つクローン集団であり、そのような社会が安定的に継続するためには、そのゲノムは周りにいる働きエイリアンのそれとも同じでなければならない。このような単独性と社会性が混在するような生態は、地球上ではアシナガバチやマルハナバチなどに見られる。

ちなみに、血縁選択理論によると、競争する他クローン家族集団が近く（たとえば、分散先の同じ惑星）におらず、集団が一つしかないような状態では、長期的には非協力的な突然変異（いわば社会の癌）が集団内に広まることによって、この共同体は崩壊する。これを考えると、異なる卵由来の複数のクローングループが同じ惑星の上で覇権を争っている状態が、エイリアンにおける社会性の進化的維持には必要ということになる。

さて、残された問題は、このようなエイリアン社会の進化的成立がどのようなプロセスだったかということであろう。この問題と似た困難さは、多細胞生物の起源解明にも付随する。すでに成立しているシステムの適応的ロジックは、その社会が進化的に形成された機構や経緯を必ずしも示唆しないのだ。多細胞動物の進化においては、発生のある時点で生殖細胞系譜と体細胞系譜が分離し、体細胞が次世代の個体に受け継がれないという状況が成立しないと「個体」が定義できない。一方、社会性の進化においては、メスを中心とした複数の家族が集合して巨大なコロニーがまずでき、クイーンの成立とともに新しく生まれた娘（ワーカー）の大多数が不妊となる変化がそれに続くのだろうと、過去には考えられた。多細胞生物（あるいは社会集団）がクローンとして生まれたにせよ、あるいは群体として生まれたにせよ、それを構成する細胞（あるいは個体）の大多数が自らの未来を諦め、分業に専念するようなロジックが、いったいどこからどうやって湧いて出てきたのかという問題が常に残る。

まず、整理しておくと、昆虫の社会の定義は現在、以下のように分類されている（もちろんそれと相反する見解もあるが）（Boomsma, 2018）。

「真社会的社会」——共同するどの個体も生涯交尾能力を失わない。潜在的に万能な個体が共同するアシナガバチの社会などがその例。

「超個体」——生涯的交尾能力を失った個体のいる共同社会。ミツバチやアリの社会など。個体はパーツと化し、社会に完全に依存する。


これに基づくと、エイリアンは少なくとも超個体ではなく、ミツバチよりはむしろアシナガバチに近い。働きエイリアンは、クイーンの不在により抑制のスイッチが切れ、胞子形成能を活性化できる。一方、すでに充分発達したエイリアンコロニーに二次的に生じたクイーンは自ら動き回らず、フェイスハガー養殖場で大量に産卵（第一の卵）を行う。卵から生まれてきたフェイスハガーには、大勢の働きエイリアンが宿主を供給するが、この働きエイリアンたちは、潜在的にみなクイーンになりうる。つまり、エイリアンの社会は、真社会的社会の要件を満たしていることになる（ただ、第一作で産卵シーンがカットされた結果として、第二作にクイーンが登場しているわけだから、映画の設定としては、エイリアン社会は「超個体」として表現されている可能性もある。以降、第四作にいたるまで、リプリーから生まれたクイーンを除き、登場するエイリアンはみな、クイーンから生まれた「ワーカー」として描かれている）。

エイリアンが社会性を獲得した道筋が実際にハチ目のそれに近いと仮定するなら（そのように想像するのはごく自然だろうが）、エイリアンの一個体がはぐれ、（ノストロモ号におけるように）分散先でクローン子孫を生み（このエイリアンは餌食の栄養を使ってフェイスハガーを数個体作り出すことができた）、そいつらが生き残りのため共同するという状態がまず成立する、というのはありそうなシナリオである。さらに、フェイスハガーも自身の中に一つ以上の受精卵を作る能力を持っているので（『エイリアン3』参照）、単独の働きエイリアンから比較的速やかにコロニーを形成することは可能なのである。*思えば、リプリーがいなければ、ノストロモ号自体が宇宙を永遠に彷徨う、「眠れるエイリアンコロニー」（惑星LV426における遺棄船のような）と化した可能性が高い。全く困ったモンスターなのである。

*——実際、クイーン・エイリアンが産んだばかりの卵から生まれたフェイスハガーが、クイーンと働きエイリアンの両方を生み出したことがあり、それは基本的に、クイーンの誕生が一定の確率のもとに生ずることを示唆している（『エイリアン3』と『エイリアン4』を参照）。実際、映画の第三作においてリプリーの体内に寄生したのは、やがてクイーンとなるべき個体であった。しかし、それを彼女に生みつけた同じフェイスハガーが、二回目に犬、もしくは牛に生みつけた受精卵はただのワーカーとなった（『エイリアン3』に登場した、四足動物モードのワーカーエイリアンである）。ということは、フェイスハガーが産み出す複数の卵のうち、最初の犠牲者に産みつけられる卵しかクイーンになる潜在性がないという可能性もある。

ちなみに、二一世紀の初めにゴジラと戦った古生代の昆虫、メガギラスも、第一作のエイリアンと同じように一個体から増えながら、ある時点で女王を作り出し、社会を成立させた（『ゴジラ2000ミレニアム』）。

社会性の成立の最初をクローン集団に求める考えは総じて「サブソシアルルート説」と呼ばれる。

この古典的なセオリーは最近、系統樹を使った比較法や理論で支持されるようになっている。まず、厳密に一回交尾した一匹の雌が巣で子育てをし（亜社会性的な親子の共存）、これが真社会性の系統樹の根幹に（つまり、真社会性進化の初期段階を反映すると期待される系統において）必ずみられるのである。

これに対立する仮説としては、たとえば、もともとジガバチのようにそれぞれ子孫を作っていた単独性のエイリアンが何らかの理由で集合するようになり、集団がある数を超えたとき、一つか少数の子だけに特別の資源を投資することにより産卵専門のクイーンが出現し、社会ができ上がったというシナリオがありうる。ここでは、生態学でいう「疑似社会性」とか「半社会」といわれるものがまず先に成立し（実際、女王を持たないアリが存在する）、個体数が一定のレベルに達するまで、複数のエイリアンが共同でフェイスハガーを作り、育児を行い、そのうち次第に個体間に優劣、もしくは分業体制ができはじめ、生殖に特化したもののうちのある個体が自分の子をクイーンにする資格を得、ほかのエイリアンに由来する資源の多くをそこに投資するという背景が想定される。進化生物学者ウェスト＝エバーハードによる見解でも、集団内に複数のクイーンがいる状態は、かつてあった社会性の萌芽的状態の名残なのだという。昆虫の真社会性の進化に際して、まず同世代個体からなるヘテロな集合があり、その中に順位や生殖的分業が生じたことが親子共存に先立つというこのシナリオは、「パラソシアルルート説」と呼ばれている。

確かに、アシナガバチのようなカリバチ類で実際に知られるように、複数のクイーンがコロニー中に常に存在し、資源やワーカーの個体数を最大限に活用して、コロニーの分裂・増加（巣分かれ）を容易にすることはありうる。しかし、実際に進化系統樹を見ると、親子社会の中で娘の一部に、自分では繁殖しないヘルパー・ワーカーが出現し、真社会化したという進化順序が正しいらしい。多女王性や女王複数回交尾はそのあと生じた二次的状態だといまでは説明されているのである。かくして、膜翅目昆虫では「パラソシアルルート説」はいまではほぼ否定されている。

しかし、エイリアン社会の進化においてどれが真相であったのか、確実にはわからない。エイリアン社会がサブソシアルルート的に一個体、もしくは「ひと番い」から始まっていたとしても、あるいはパラソシアルルート的に複数の家族が寄り集まって疑似社会を作ったことから始まったとしても、ともに現在の状況は説明しうるのだ。喩えていえば、多細胞生物の起源がクローン細胞集団であったとしても、それ以前の段階で群体を形成していたことが、速やかな多細胞化への前適応となったという可能性は充分にある。とはいえ、私は個人的には、昆虫の社会性について現在理解されているように、最初からクローンとして社会性を進化させたエイリアンがまだワーカーの生殖抑制を充分に進行させないうちに、惑星間を移動するレベルの巣別れを始めたような気がしてならないのだがどうだろう（お隣さんを大事にしているエイリアンなど、想像したくないのだ）。

加えていうなら、社会性はもちろん、昆虫だけに生じた現象ではない。真社会的社会の生物として哺乳類も知られており、ハダカデバネズミがその例に該当する。ハダカデバネズミのコロニーにおいても産仔専門のクイーンがおり、その女王が自らの発するフェロモンによってほかのメスの発情を強く抑制していることが知られている。つまり、社会性の獲得はおよそ全ての生物に共通に当てはまる、いわば「普遍的論理」であり、潜在的にさまざまな系統の生物に独立に生ずるのである。言い換えれば、社会性の適応的論理はＤＮＡやボディプランを超え、宇宙的レベルに広がっているのだ。それはＬＶ４２６をも覆う、最終的ロジックと言ってもよい。

さて、社会の進化機構についてある程度はわかったとしても、エイリアンについて考えるべきことはまだ残っている。つまり、ボディプランの進化、それが次節の内容となる。

初出：『日本進化学会ニュース』vol.19 no. 3（2018）に加筆訂正

この節の内容は筆者の専門外の領域についての議論であったため、石川由希博士、榊原恵子博士、ならびに辻和希博士の執筆協力を大幅に仰ぎました。ここに深く感謝いたします。

4――エイリアンのボディプラン進化

進化的特殊化に伴い、栄養摂取のための闘争や生命維持を高めるため動物の体制が複雑になると、それだけ個体発生過程が長くかかり、生活史の中心が有性世代の配偶体に一本化する傾向が高まってゆくようにみえる。優秀な成熟個体が完成するまで、次の繁殖は行わないことにするわけだ。幼若世代で卵を産んだり、分裂したりするフレキシブルな戦略は、比較的単純で原始的な体制の生物にしかできないことなのか、それともクラゲのような一部の動物だけが二次的に獲得できた特殊な技なのか、進化生物学者の間ではまだ議論は続いているようだ。

少なくとも、複雑高度な体制を持つ脊椎動物のような動物では、生活史の複雑化による極端なr戦略は現実的ではないように見える。こうしたトレンドを見れば、確かにエイリアンの繁殖戦略は、多少原始的に見えるかもしれない。現在まで得られているデータでは(一作目『エイリアン』の原作に書かれた現象からは)、エイリアンの生活史の進化経緯を推測するのは困難であると言わざるをえない(第二作目以降ならびに、エイリアンvsプレデター・シリーズまで加味すると、話は果てしなく複雑になる)。では、形態面ではどうか。エイリアンは本当に原始的な動物でありうるのだろうか。

二つのボディプラン

前回提示した疑問にも通ずることだが、エイリアンについてもう一つ問題にしたいことがある。すなわち、発生途上のクモの胚か、何かのカニを思わせるようなフェイスハガーの節足動物的なボディプランについてである。一方で、胞子体であるところの最終形態エイリアンは、直立二足歩行の脊椎動物的形態を持っている。そこが問題なのである。

正確には問題は二つある。一つは、純粋に進化形態学的なもので、一つの動物の生活史に、脊椎動物のボディプランと節足動物のボディプランが同居してもよいのかという問題。そして、第二の問題として、成体エイリアンの悪魔的禍々しさと、フェイスハガーの生物学的リアリティの齟齬の問題がある。後者に関しては、本書で扱う範疇を超えているかもしれない。が、天使や悪魔のイコンに見る宗教観や畏怖感が、ヒトの姿と切っても切れないことだけは再認識できる。ならば、その問題も再びボディプランの齟齬や、異なったボディプランの同居、果ては複数の相からなる複雑な生活史の確立といった問題に包摂される可能性はある。とりわけ、異なった動物の体の設計方針が、エイリアンの個体発生過程において同居していることが問題とされねばならない。

よく知られるように、節足動物は前口動物に属し、中枢神経系が腹側に、消化管が背側に発生する。ただし、口は常に腹側に開き、神経系と消化管がその場所で交差することになる。つまり、我々と同様、中枢神経系の前端にできる脳は背側にあり、伝導路が咽頭と交差して食道下神経節が消化管の「腹側」に見出されることになる。フェイスハガーが多くの肢を使って移動する際、明瞭に背と腹を区別しているところから見ると、節足動物の口に似た構造が腹側に開くことになる。一方、最終形態エイリアンや、それに先立つ胞子体のチェストバスターでは、フェイスハガーと同様の尾を持つように見えながら、中枢神経を保護すると覚しい椎骨の棘突起的構造がその背側で前後に並んでいる。つまり、彼らの中枢神経系が人間のそれと同じように「背側」にあるらしいことが窺える。同様に、金属光沢の歯が生える顎や、顎の奥に見られる第二の顎を見ると、咽頭の一連の構造物が腹側にあることは明らかで、すなわちこの生物のボディプランは脊椎動物のそれにかなり近いと言うことができる。

ここから導き出される仮説は、「一つの生物の生活史に二つのボディプランが現れる」という現象が、一種の「反復的効果」の結果ではないかというものである。実際に、地球における脊椎動物へ至る進化過程では、「背腹の反転」現象があったという考えが受け入れられつつある。つまり、我々の祖先はかつて、環形動物のゴカイや、節足動物のムカデのように、我々の腹に相当する消化管側を上にして生活し、そして脊索動物の系統が祖先から別れた頃に、背腹反転が生じたという。これは、動物初期胚における遺伝子発現から導かれる最も自然な解釈である。

むろん、祖先的な前口動物にとって、我々の腹に相当する部分は、かつて「背中」として機能していたのであり、つまるところ変化したのは口が開く位置と、姿勢の変化だということになる。言い換えるなら、我々の使う「背と腹」という言葉は所詮相対的な概念でしかなく、むしろそれは「神経側と消化管側」と呼ぶべきであり、これら二者の位置関係は進化の過程で変化することはなく(発生上、神経側には常にchordin/sog相同遺伝子群が、消化管側にはBMP/dpp相同遺伝子群が機能し）、むしろ「口の開口する機構と姿勢が変化した」ということなのである。

これと同様の進化がエイリアンの母星において生じていたとするなら、フェイスハガーはおそらくかつて海中を遊泳するエビのような、いわば「前口動物的なプランクトン」だったのであり（多少とも、甲殻類のメガロパ幼生に似ていたと考えられる）、それが変態して脊椎動物型の陸上生物になる際、劇的なボディプランの推移が起こっていたと仮定することは可能だ。それは、蛹のような状態を経た一種の脱皮であり、セミの脱皮とは異なり、殻の背側が割れて出てくるのは、成体の「背側」ではなく、「腹側」であったことだろう（セミとは一見反対向きに脱皮するエイリアン）。これが、現在のエイリアンの生活史における二つのフェーズに分割していると考えるわけである。

おそらく、このような変態過程（神経側に開口していた産卵管としての口を閉じ、新たな口を消化管側に作り出す）においては、きわめて大規模な頭部構造の変形が必要だったはずであり、それが形態形成過程を二つの独立なプロセスに分割する伏線となった可能性は大きい。つまり、エイリアンのゲノムの中で、「フェイスハガーパターンにのみ用いられるエンハンサー」や、「最終形態の咽頭系の発生にのみ機能する遺伝子」などいったような、「世代特異的コンポーネント」が増えることにより、遺伝子制御ネットワークの時間的モジュラリティーが高まっていった（簡単に言うと、ゲノムの機能が世代ごとに分割された）のかもしれない。そして、それを足がかりに一つのゲノムの中に独立性の高い形態発生モジュールが二つできてしまい（おそらく遺伝子のON／OFFやマスキングは、世代AND／OR核相特異的に、かなりメリハリのきいたやり方でエピジェネティックに制御されるのだろう。植物では実際にそのような形態発生をスイッチする制御遺伝子が見つかっている)、初期発生過程にわずかな共通部分を残しながらも、形態形成過程をほとんど完全に分割するのを助けたであろうと考えられる。これが、核相の異なる二つの(有性と無性の)世代を生活史の中に作り出すことを容易にし、それに最も相応しい方式がすなわち二段階寄生生活(最初は胞子の、二回目は受精卵のインプラント)なのであると。

つまり、エイリアンにおける2nの最終形態は二次的に獲得されたもので、本来はフェイスハガーを成体とする単純な生活史が回っていたものが、いわゆる「過形成 hypermorphosis」を経ることによって別のボディプランを獲得したが(仰向けの状態で蛹から脱皮する成体エイリアン)、二次的に寄生生活を進化させ、宿主を段階的に増やしていまのような生活史を獲得するに至った、という進化のシナリオである。それ以前には、おそらく最終形態エイリアンは無性的に増殖し、その際、海中に胞子を多数産み落としていたものと推測される。そこから育ったメガロパ幼生のようなプランクトンこそ、後のフェイスハガーの祖先型であり、それはおそらく雌雄同体の有性世代で、軟体動物のように海中で交尾し、戦略的に相手に精子を押しつけることを優先していたものと思われる(これがエイリアン種における、唯一の交尾の瞬間であったはずである)。しかし、過形成による進化を経ながら、幼若段階での生殖を維持することの適応的意義を考えることは困難ではある。

ここで新たに問題として浮上するのが、フェイスハガーにおける付属肢と、最終形態エイリアンにおける「付属肢の相同性」である。これらは同じ遺伝発生プログラムによってできた、同一のものなのか、それとも全く異なった素性の「足」が、別々にできてしまったものなのか。

まず、地球の動物について考えてみよう。検討すべきは、節足動物型の付属肢と、脊椎動物顎口類型の四肢である。節足動物の付属肢はもともと各体節に一対ずつ生えていたもので、触角や顎も同じ付属肢原基が変化したものである。したがって、系列的に等価なものが繰り返しているデフォルト状態が付属肢システムの一次的状態であり、それが場所に応じて個々の付属肢が歩脚になったり、触角に変形したり、顎に変化したりするものと理解できる。そして発生上、付属肢原基に発現して場所ごとに特異的な分化を進行させる大本締めのような仕掛けが、位置価を教える「ホックス遺伝子群」であることはすでによく知られている。節足動物にとって付属肢は、ボディプランの本質的要素の一つであり、連続的な付属肢を持つことによって節足動物が進化的に成立したといっても過言ではなく、まさにそこに、左右相称動物の形態発生遺伝子群の重要要素であるホックス遺伝子群が作用するわけである。

節足動物の付属肢に作用するもう一つの遺伝子が、「ディスタレス遺伝子」と呼ばれるもので、これは一つの付属肢の「遠位端（先端）」を作り出す遺伝子である。つまりこれは、付属肢の基本形態パターン（極性、遠近軸）を設定する遺伝子なのである。節足動物の付属肢を形成するにはしたがって、基本形をまず作り、体の中の位置に従ってその個別の変形パターンを設定するという、二つのステップを踏む必要がある。

そういった意味で、節足動物の付属肢とよく似た構造を脊椎動物の中に探すなら、それは肢ではなく、むしろ「エラ」であろう。すなわち、脊椎動物胚に見られる「咽頭弓」は昆虫の付属肢と同様に系列繰り返し構造であり、かつ、位置特異的な形態変化（メタモルフォーゼ）を経て、呼吸用のエラのみならず、頭部の諸構造を形成する。この、位置特異的な特殊化を司るのは脊椎動物にも共有されるホックス遺伝子群であり、また、一つの咽頭弓の極性（上下の差異）をパターン化するのは、昆虫のディスタレス遺伝子の相同物であるDlx遺伝子群である。つまり、節足動物と脊椎動物というかけ離れた動物群において、同じ遺伝子のセットが同時に、類似の構造の発生に関与しているわけだ。このような類似性を目の当たりにすると、脊椎動物が何らかの節足動物から進化したと仮定する考えが現れてもおかしくはない。比較解剖学的にも、脊椎動物の咽頭弓と、節足動物の付属肢の間に類似性を見ていた学者は過去におり、その一人であった英国のガスケルは、脊椎動物をカブトガニのような祖先から導き出した（図1）。その過程で、節足動物の付属肢＋エラと脊椎動物のエラが、ずっとひと連なりの構造として存在したと考えたのであった。

しかし、ここで問題になるのが背腹の軸性である。つまり、節足動物の付属肢も脊椎動物の咽頭弓も体の腹側に発生する一方で、すでに述べたように、進化の過程では脊椎動物が過去に背腹の反転を経験していることが明らかになっているからだ。ならば、脊椎動物にもし、祖先的節足動物の付属肢の名残があるというのなら、それは脊椎動物の体の「背側」に見出されなければならないはずなのである。これでは話が合わない。

一方、脊椎動物の対鰭や、そこから進化したことが明らかになっている四肢はどうか。これらの構造は、実は比較的最近になって獲得された構造であり、脊椎動物の祖先においては、もともと対鰭が存在しなかったと考えられている。しかも、「胸鰭は持つが、腹鰭がまだできていない」という時期が長く続いたようで、可能性としては腕と脚が系列的に等価ではないという可能性さえある。つまり、節足動物と脊椎動物の「足」は、遺伝発生学的にも進化的にもあまり似ていないのだ。[*]

＊――四肢の発生にもホックス遺伝子は関与する。しかし、それは腕と脚を別のものに変形させるために機能するのではなく(その役割を担うのは、別のタイプの遺伝子である)、それぞれの指の形や、上腕骨と橈骨、尺骨をパターン化するために機能している。

以上のような議論を、宇宙生物であるエイリアンにそのまま当て嵌めてよいものかどうかはわからない。とはいえ、多細胞体制に基づき、筋肉、神経系、骨格系、内分泌細胞、消化管、脈管系などの、汎用性の高い器官系を構築しようというのであれば、一セットの細胞型を成就する上で発生上二、ないし三の胚葉を用いた系譜の細分化を見ることができるであろうし、解剖学的に辻褄の合った体を作り上げる基本方針にも高々数個のものしか考えられない。ならば、エイリアンの母星における進化のトレンドも、脊椎動物と節足動物にそれぞれ似た体制を二つの主要なフォーマットとしていたことは、かなりありうる話なのである。[*]

*——これと同じことは、二〇世紀以降の進化生物学において、カンブリア紀以降、なぜ動物門の数、すなわちボディプランのバリエーションにいかなる増加も見られなかったのか、そもそも動物門の数はなぜ有限なのかという問題として語られることが多い。一九世紀ヨーロッパでは、動物の体制に序列が認識されるか、あるいは、ありとあらゆるバリエーションが世界を充満しうると考えられ、ジョフロワ＝サンチレールはそれら全てのバリエーションの基礎となる動物の「型の統一」を考えた。彼は実際、イセエビを背腹反転し、外骨格と内側に裏返しにして脊椎動物を導いたり、犬の体を背中側に折り曲げて、コウイカの体制が導かれたと考えた。しかし当時、こういった変形過程が進化的変化として認識されることはなかった。

また、こう言うこともできる。つまり、動物のボディプランは全体的な器官・構造の統合を意味するのであり、それが進化を通じて保存されるからには、脊椎動物の足だけが節足動物的だというような状態は不可能なのである（拙著『ゴジラ幻論』の「牧博士の日記」において、博士が最初悩んでいたのもまさにこの問題だ）。言い換えれば、フェイスハガーの脚と最終形態エイリアンの脚が遺伝発生学的に同じ構造物なのであれば、両者の中枢神経も、消化管も、比較可能な同等な位置に見出されなければならない（ただし、拙著『分節幻想』では、相同性がもうちょっと融通の利く現象だとは書いている）。もしくは、フェイスハガーと最終形態エイリアンの間に、背腹反転に似たボディプランの抜本的変更があったのなら、両者の脚は比較不可能となり、最終形態の手脚はその発生過程において、フェイスハガーのそれとはかなり異なった方法で一から作られなければならなかった、ということになる。

以上の二つのシナリオには、それぞれ証拠がある。まずフェイスハガーには脚が四対あり、それが

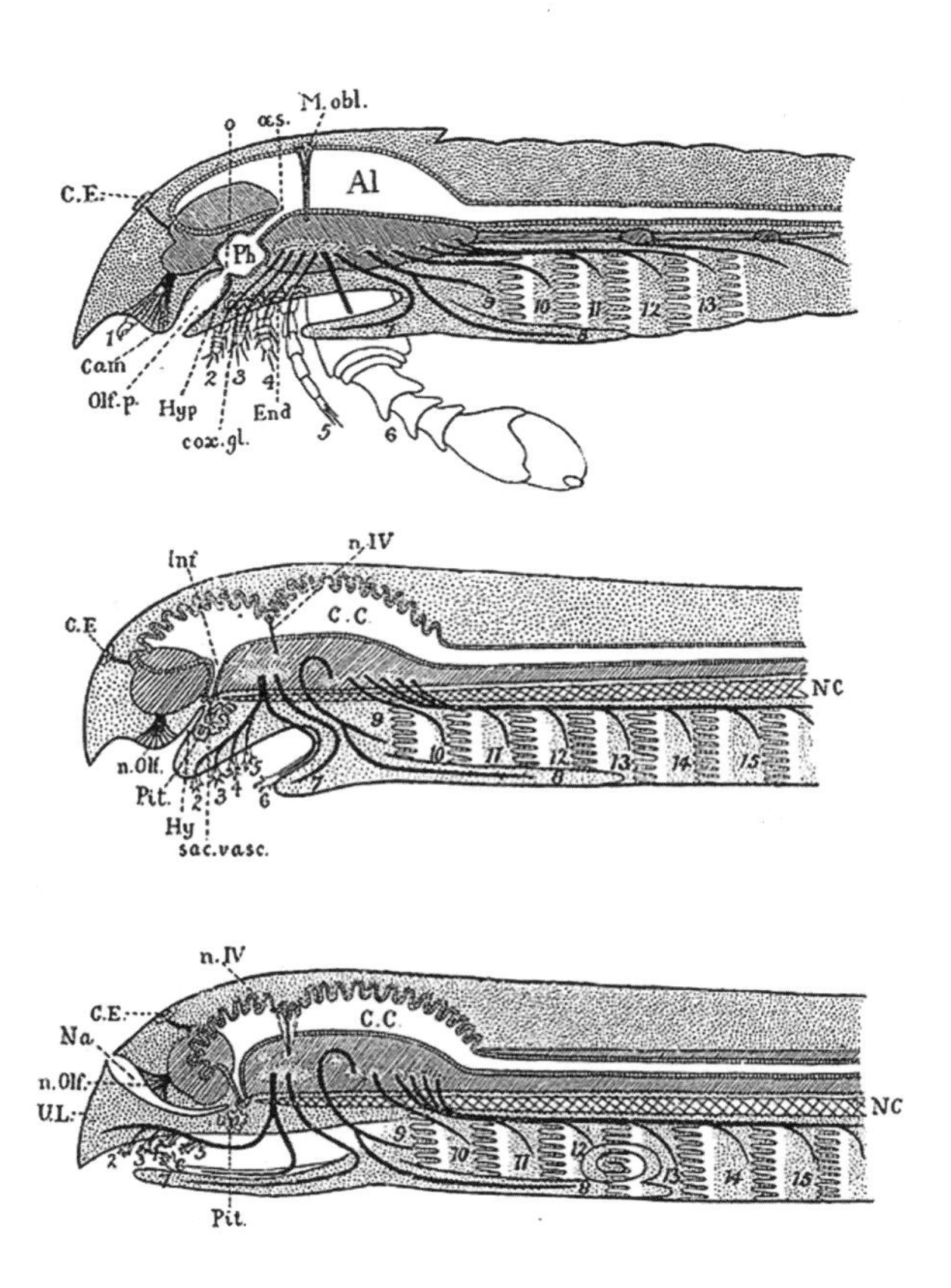

図1▶ウミサソリから脊椎動物を導く。ガスケルによる。

関節する体幹にも分節があることから、節足動物的ボディプランを持つであろうと示唆される。一方、最終形態エイリアンの幼若型であるチェストバスターには四肢がないか、もしくは痕跡的にしかできていない。しかもそれは、形態的に体幹とは関節せずに発生している。ならば、最終形態エイリアンの脚はやはりボディプランとしてはフェイスハガーのそれとは全く別物で、フェイスハガーの形態とは無関係にできていると覚しい。

加えて言うなら、チェストバスターも最終形態も、顎は上下に開閉する構造となっている。これは脊椎動物と同じく、腹側に存在した鰓弓様の構造、つまり鰓と同じものが変形してできたものであり、節足動物のように付属肢が変形したものではないことを示している(昆虫の顎は付属肢からできているため、上下ではなく、内外に開閉する)。

付記しておくならば、成体エイリアンには俗に「インナーマウス」と呼ばれる「顎の中の顎」とでもいうべき構造がある(むしろ、「インナージョー」といった方が適切か)。それを使って、犠牲者の頭部を粉砕するのである。これはしばしば、我々の「舌」に相当する器官として説明されることもあるのだが、そんな簡単な話ではないかもしれない。まず、あのインナーマウスは上下に開閉するコンパートメントからなっている。我々の舌にはそんなものはないし、実際の動物にもそんな舌は観察されない。

しかし、ウナギやウツボの仲間(ウナギ目の真骨魚類)には「咽頭顎」と呼ばれる構造があって、それが獲物を喉の奥に引きずり込む役目を果たしていることがメータとウェインライトらによって報告された(Mehta & Wainwright, 2007)。これは紛れもなく、(顎と同じように)鰓が変形してできたものだ。エイリアンのインナーマウスに最もよく似ている構造があるとすれば、おそらくこれがそうだろう。ただし、エイリアンのインナーマウスは引っ張り込むのではなく、突出させるのが仕事だ。そして、エイリアンの縦長の頭部には、この第二の顎を押し出すための強大な筋肉が納められているのだろうと想像できる。しかし、もしこの筋が鰓のためのものの変形ではなく、後頭部の体幹筋の変形したものであるとするならば、やはりエイリアンのインナーマウスは、舌と同じ履歴を持っていると考えなければならない。

鳥類の中にはキツツキに見るように、舌の先端を木に穿った孔に深く突き刺すための筋肉を後頭部に発達させているものがあるが、これとよく似た状態だと思えばよい。重要なのは、これが鰓の変形によってできたのではなく、我々の舌と同様、むしろ我々の腕の筋に近いものでできているということだ。ならば、インナーマウスはやはり鰓と舌の複合体と考えるべきなのかもしれない。

しかし、である。（私としてはあまり考慮したくないのだが）女王エイリアンには二対以上の脚が存在しているらしい。腹部に痕跡的な第三の脚を持つほか、産卵時に体を保定する複数対の突起群も、脚の変形したもののように見える。これは、女王エイリアンの発生プログラムに、フェイスハガーの形態形成プログラムが迷入しているように見られるのだが、どうだろうか。いや、それを仮定するぐらいなら、真に考慮すべきはおそらく、女王、働きエイリアンともに見られる背中の突起群であろう。それこそ、背中から生えている有対の突起物であるという点で、この動物の背腹反転以前の状態を考えれば、それらはまさにフェイスハガー的な付属肢が期待される位置に生えていることになる（しかし、そこに働いていた遺伝子プログラムは、この動物の腹側に新しく形成された咽頭弓システムに、コ・オプションされたとも考えねばならない)。[*] 二〇世紀初頭、パッテンという生物哲学者が、節足動物的な祖先から背腹反転を通じて脊椎動物が進化したという仮説を図示しているが(図2)、この図のBに相当する段階に見られる付属肢の残存は、まさにエイリアンの背に生えている突起群に酷似する。これはなかなかに魅力的な仮説だと思うが、どうだろう。

*――コ・オプションとは、既存の祖先的発生プログラムが、子孫において新しい位置に移植され、そこに全く新しい構造をもたらすことを言う。その好例として頻繁に持ち出されるのが、カブトムシの角であり、それをシェイピングしている遺伝子のセットは、歩脚の極性を作り出している遺伝子群と同じものなのである。このような遺伝子セットの発現制御は一種のタイトなネットワークとして働いているため、しばしば上位にある遺伝子の制御が変わるだけで、下流の遺伝子群がこぞって変化しうる。予想されるように、このようなタイプの進化においては、新規形成物の前駆体に相当するもの(相同物)を祖先に見出すことはできない。つまり、全く新しい形質(進化的新規形質)の追加を可能にするのである。

初出：『日本進化学会ニュース』vol.20 no. 1(2019) に加筆訂正

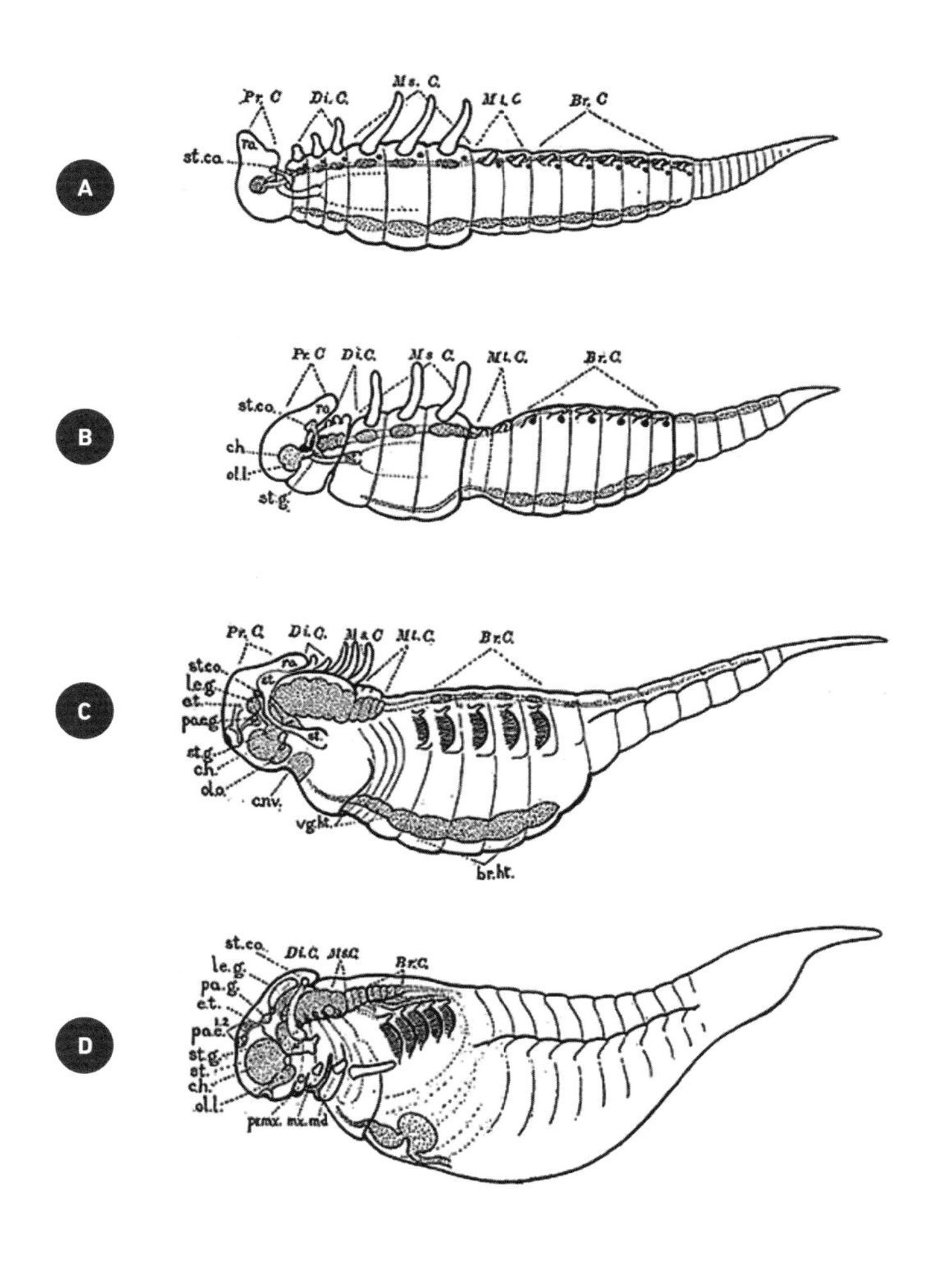

図2 ▶ 節足動物から脊椎動物を導く。パッテンによる。

付論1

マリオ・バーヴァの『バンパイアの惑星』と『エイリアン』

先日、待ちに待ったマリオ・バーヴァ監督による『バンパイアの惑星』(1965)がようやく国内で入手できるDVDとして発売され、さっそくアマゾンでワン・クリック購入し、秋の夜長に鑑賞した私であった。これはしばしば、『エイリアン』(シリーズ第一作 1979)の元ネタとなったと指摘されることの多いSF映画である。私自身、子供の頃にこの映画をテレビで二度ほど見ており(もちろん、日本語吹き替えで)、その数年後、大学生になってから劇場で『エイリアン』を見たもので、人に言われなくともその類似性は明らかであった。とりわけ、例の「スペースジョッキー」を見たときに、「ちょっと待てよ、これはどこかで見たイメージだぞ」と、即座にこの映画のことを思い出したものだった。

よく言われるように、『エイリアン』の下敷きになった映画はほかにもいくつかある。たとえば、『恐怖の火星探検』では、宇宙船内に紛れ込んだ怪物が乗組員を一人ずつ屠ってゆくというストーリーが類似しているし、『エイリアン』の製作に携わったダン・オバノン自身が出演した『ダーク・スター』(監督ジョン・カーペンター)というスラップ・スティック系SF映画も、宇宙船内の怪物を船外に追い出すために船員たちが四苦八苦するという話であった。小説まで加えれば、ヴァン・ヴォークトの『宇宙船ビーグル号の冒険』(創元SF文庫)を筆頭に、かなりのものが数えられることだろう。『エイリアン』において、猫のジョーンズに驚きながらモンスターを追い詰めようとする船員たちのドタバタ騒ぎは、この映画へのオマージュだったのかもしれない。

しかしこういった、どちらかと言えば、エピソードやストーリー上の類似点ではなく、さまざまな設定や、映画全体のもたらす雰囲気が最も類似している映画としては、『バンパイアの惑星』こそが『エイリアン』の先輩として最も相応しいのではないかと私は個人的に考えている。それを以下に詳述する。

一九六五年のマリオ・バーヴァ監督による映画、『バンパイアの惑星』は、実に不思議な、一種独特の雰囲気に包まれたSF映画である。マリオ・バーヴァといえば、『血ぬられた墓標』(1960)や『呪いの館』(1966)などの、身の毛もよだつ古典ホラー映画で名を馳せた監督だが、そのような監督がSF映画を撮るというのだから、普通のSF映画の枠に収まるわけがない。ネタバレを警告した上で露骨に内容を紹介するなら、とある地球発(らしい)宇宙探査船が未知の信号を傍受し、その発信元の惑星に不時着する(この経緯は『エイリアン』そのままである)。その瞬間、乗組員たちは突如精神錯乱に陥り、互いに殺し合いを始める。どうやら、その惑星には一種の「精神寄生体」が棲息しており、新しい肉体を求めては異星人の体を渡り歩き、宇宙船を奪ってはほかの惑星に移住し続けているらしい。彼らは高度な知性は持つが、機械文明とは無縁なのである。この寄生体の犠牲となった別の異星人の宇宙船も惑星上に発見されるが、その巨大な異星人たちはすでに死に絶えていた。次から次へと寄生体の餌食となり、わずか残された三人の乗組員たちは、寄生体が乗り移り、ゾンビとなったかつての同僚たちとの攻防戦の果てに辛くも惑星を脱出する。が、そのうち二人にはいつの間にか寄生体がとりついていた。最後の人間は、宇宙船の隕石回避装置を破壊し、自らも命を絶つ。もともと別の外惑星に行くはずだった二人のゾンビは、長距離航行が不能となり、コースを変え、最寄りの惑星、すなわち地球に接近してゆくのであった……。

あえてこの映画を分類するとすれば、『エイリアン』と同じく「宇宙SFゴシック・ホラー」ということになるのであろう。このジャンルの先駆けが、すなわち『バンパイアの惑星』だったわけだ。単純なハッピーエンドにならないところも『エイリアン』と通ずる。舞台となる惑星の地表も、LV426のそれと同じく、常に靄に包まれ、奇怪な形状の岩で覆われている。ここはいわば、外宇宙における「トランシルヴァニア」。彩度は控えめで全体的に画面は暗く、乗組員の制服も黒を基調としている。そのレトロフューチャリスティックなデザインがまた渋く、これに類するものをほかのSF映画に探そうとしても、ちょっと思いつかない（強いて言えば、『デューン』におけるハルコーネン一族の服がそれか。あるいは、『プロメテウス』に用いられたユニフォームは、これを模倣したものか）。舞台でSF版「トスカ」でもやったら、さぞかし似合うだろうと思わせる、ゴシックオペラ調のユニフォームである（色や素材や、襟のあたりのデザインがどこか、『怪獣大戦争』

におけるX星人の制服を思わせなくもない)。いわば、七〇年代SFとしての『エイリアン』に付随していた「ゴシック性」や「グロッタ志向」とでもいう雰囲気を、六〇年代中盤の『バンパイアの惑星』は、その時代のSFデザインを用いて先取りしていたということになる。

いうまでもなく、『バンパイアの惑星』と『エイリアン』を隔てているのは、あの「アポロ計画」だ。あるいは、SFに侵襲した現実世界のテクノロジーデザインだ。SF世界のヴィジュアル・イマジネーションにとって、いわば「黒船来航」とも言うべきこの現実世界のイベントは、近未来のテクノロジーがすっきりとした流線型のメカでできているのではなく、ごちゃごちゃとした機械部品にパイプやワイヤーが絡まっていることを暴露してしまった。むろん、これが現代SFにおけるグロテスクさ、ゴシック感の定着を後押ししたことは疑いがない。つまり、『2001年宇宙の旅』から、『スター・ウォーズ』、『エイリアン』を経、現在までに至るこの細密なSFピカレスクロマンは、六〇年代後半になるまでほとんど存在していなかったのである。

しかし、SFにおけるこのデザイン革命がなかったら(それはまるで、日本の戦後史に一九七〇年の大阪万博がなかったらというに等しいことだが)、いま頃、SFに見る宇宙服のデザインはどのようなものになっていただろうか。その一つの明確な方向性が、『バンパイアの惑星』に示されていたと考えるのは穿ちすぎだろうか。すっきりとした流線型のデザインでありながらも、色調はあくまで暗く、どこか有機物を思わせる艶めかしい曲線がしばしば現れる。地球人の乗る宇宙船の出入り口はまさに巨大な動物の口か、さもなければ生殖孔を思わせるような、一種禍々しささえ備えている。まるで、我々の知る地球の歴史にはついぞ現れなかった、異質な文明の産物でもあるかのような、文字通りの異世界がそこに現出しているのである。

また、『バンパイアの惑星』において最も印象深いのは、遺棄された異星人の宇宙船の中で乗組員たちが遭遇する異星人の遺骸が、地球人の三倍ほどもある巨大な全身骨格として登場するシーンであった。それを初めてブラウン管に見たとき、私は何か言いしれぬ感慨を覚えた。ただ単に巨大なモンスターが現れ、それを光線銃か何かで迎え撃つというのではいかにも芸がない。そんなありふれたシチュエーションは、六〇年代中盤の時点ですでにイヤと言うほど見てきている（そもそも、ウルトラ・シリーズがそういうドラマの連続だった）。そこへ行くと、『バンパイアの惑星』におけるそのエイリアン（地球人と敵対する生命体ではなく、それ以前にすでに敗北した別の異星人らしい）の見せ方は、いまとなってはあからさまに地球の霊長類と類似していて辟易とするものの、当時の表現手法としてきわめて斬新で、地球人の知らない深遠な歴史が背景に広がっているという印象を醸して止まないのであった。何しろ、それは人間に似た知的生命体であり、しかも人間よりずっと大きいのである。ヒューマノイドが常に同等のサイズとは限らない。そんな当たり前のことを実際に示した最初の映画としても記憶されるべきだろう。これがその十二年のちの『エイリアン』におけるスペースジョッキー、さらには『プロメテウス』における「エンジニア」の設定に繋がっていったのだなぁなどと考えると、感慨も一入（ひとしお）なのである。

そしてまた、その異星人のオレンジ色の宇宙船が、また実に奇抜な格好をしている。稚拙なミニチュア撮影ながら、それをあおりで見せるショットは、『エイリアン』におけるあの奇妙な姿の宇宙船の見せ方にも確実に影響しているのであろう。H・R・ギーガーもやはり、この映画を見たのだろうか。

などということを考えつつ、やはりイイ映画だったと『バンパイアの惑星』を見終わった私は、夜も更けたというのにまるで当然の如くに『エイリアン』を続けて見始めたのだった。鉱石採掘船「ノストロモ号」のデザイン、コンピュータ室、着陸船の脚部、船内の通路壁に見る数々のディテールばかりでなく、LV426で遭遇する異星人の宇宙船の出入り口、その船内の有機的なデザイン、LV426の景観、そして何よりスペースジョッキーと一体化したコックピットのデザインを見るにつけ、『バンパイアの惑星』由来の遺伝子が確実に映画のあちこちに発現していることが確認できる。いま、それが鮮明な映像として、計算し尽くされた照明とカメラワークでもって、ゴシックホラーなSF世界となり、我々の目の前に現前しているのである。むろん、全てが百点満点というわけではない。「この場面は失敗ではないか」というカットもある（異星人の宇宙船の船内が最初に映るカットは繋ぎ方も見え方もコントラストさえ不自然で、むしろない方がよいし、ノストロモ号の船内を逃げ回るリプリーが唐突にカメラ目線を送るのにも戸惑う）。しかし、それでもなお、それまで誰もみたこともないようなSF的悪夢世界を作り出してくれたという点では、やはり『エイリアン』は私にとって永遠の名作なのである。それを各シーンごとに確認しながら、そのときの私は鳥肌が立つほどに幸せを感じていたのである。

本来、人を怖がらせ、驚かせようとして作られた映画に、ここまで感激してどうするのかとも思うが、それがつまりはSF映画ファンというものなのである。そして、この永遠の名作『エイリアン』の祖先型を一つあげよと言われたら、私は迷うことなく『バンパイアの惑星』を挙げる。『恐怖の火星探検』も確かに似ているだろうが、一人、また一人と犠牲になってゆくという怪奇映画のフォーマット自体がそもそも、『魔人ドラキュラ』や『狼男』や『ミイラ再生』以来の伝統なのだ。このようなストーリーはすでに定型すぎるほどに定型なのだ。むしろ、映画の世界観や雰囲気を決定的なものにしたSFゴシックホラーの先駆者としては、さまざまな魅力的デザインコンセプトが詰め込まれた（しかも忘れてはいけない、生物学的な「寄生」をテーマに扱ったSFとしても）『バンパイアの惑星』を第一に挙げたいと思うのである。まさに、『バンパイアの惑星』なくして、『エイリアン』はありえなかったと……。

付論2
『デイヴィッドの素描』を読む

以下の論考は、『進化学会ニュース』初出の連作エッセー、「映画『エイリアン』の生物学的事情」とは全く無関係に書かれているので注意されたい。というのも、ここで扱っている映画『プロメテウス』以降のシリーズでは、エイリアン・モンスターが、アンドロイド・デイヴィッドの手になるものとされているからである。したがって、生物としてのエイリアンの解釈が一貫しないばかりか、リドリー・スコットの考えるエイリアンは、エイリアンvsプレデター・シリーズが設定されている時代には存在しなかったということにもなる。

先頃、アメリカの出版社から『デイヴィッドの素描 *David's Drawings*』なる画集が出たので購入した。それは、『プロメテウス』ならびに『エイリアン：コヴェナント』に登場したアンドロイド・デイヴィッド（マイケル・ファスベンダー演ずる）が、とりわけ『エイリアン：コヴェナント』においてエイリアン・モンスターを「創造」するために残した、数々のスケッチと観察記録を集めたとされるもので、もちろんそれを本当に描いたのは、プロの画家たちである。むろん、作製に際しては言うまでもなく、リドリー・スコットはじめとするプロダクション・チームとの綿密なディスカッションがあったのだろう。それだけに、中々の力作となっており、画集としての体裁もかなり整っている。興味のある向きには是非オススメしたい。何より装丁が素晴らしく、中途半端な画集などより、ずっと見応えがあることだけは間違いがない。

プロメテウスの末裔

デイヴィッドはウェイランド氏によって設計され、製造された「機械」である。したがって、彼には寿命がない代わりに「魂」もないとされる。デイヴィッド本人もそれをよくわかっていて、命あるものに対する並々ならぬ好奇心と所有欲を持っている。それが、「生命の創造」を指向した彼の探究心の背景となっているのである。命なき存在であるデイヴィッドは、自ら生命の創造者=神となり、人間を越えようとする。これは、自らの父とも言うべきウェイランド氏に対するエディプス・コンプレックスとも見ることができる。どうやら、『プロメテウス』に始まる新シリーズのテーマは、「父殺し」と「失楽園」であるらしい。

かくして、デイヴィッドが、エンジニアたちの惑星に到着したとき、彼が最初に行ったのは、エンジニア種族の殲滅(ホロコースト)であった。その時に用いられたのは、本来エンジニアたちが生物兵器として開発したモンスターの「種子」であり、これは人体の血管中に入ることによって、さまざまな突然変異を起こし、宿主を怪物に変貌させるか、さもなければ死に至らしめるというものである。おそらくこの「怪物の種子」は、そもそも宿主生物のゲノムを何らかのやり方で改変し、有機体をさまざまに変貌させるような性質のものだったのであろう。そして、デイヴィッドはこの兵器を、自らの生物学実験（＝モンスター創造）のためのツールとして用いたのであろう。その具体的な方法については明らかにされてはいないが、デイヴィッドの観察記録から推測する限り、エンジニアたちの惑星に棲息するさまざまな動植物の形態エレメントを採り出し、エイリアン・モンスターの表現型に加える上での、いわば「発生プログラム再構成ツール」としてそれが用いられたような節がある。ちょうど、微生物の免疫装置として本来進化した制限酵素やCRISPR–Cas9システム（外敵の遺伝子情報を選択的に破壊する）が、生物学実験におけるＤＮＡ／ゲノム編集に用いられているようなもの、というわけなのかもしれない。

表現型とゲノムの塩基配列がどのように対応するのか、塩基配列を編集してどのように表現型を操作するのかという難問は、これまでの生物学の歴史を通じ、最後まで人間の理解を拒んでいる、いわば究極の謎と言ってよいテーマである。それが解明されれば、映画『ブレードランナー』に登場するような、見事なまでに人間に似たレプリカントをデザインすることも可能になる。つまり、それこそが現実に理解されていない生物学の部分なのである。

これは、極めて大規模で、かつ、複雑に入り組んだ現象に対し、どのように還元論的に取り組めばよいのかわからないという、人間の最も苦手とする典型的な「謎」なのである。しかし、それは人間の慣れ親しんだ、エンジニアリングとしての科学の方針から見た場合にそのように見えるだけなのであって、別の角度から見ることによって、思わぬ打開策が得られることもあるかもしれない。あるいは、その打開策に通じる未知の現象に、ある日どこかで出くわしてしまうかもしれない。実際、PCRに用いるTaqポリメラーゼも、制限酵素も、CRISPR-Cas9システムもそうやって見出されてきたのである。そして、さらにそこから踏み込み、多細胞生物の表現型レベルでの器官構造の「切り貼り」を可能にするツールが出てきたらどうか、というわけなのである。つまりは、フランケンシュタイン的なキメラ生物の作製である。そういった点で、エイリアン・シリーズはちょっと面白い生物学SFだと、いつも思っている。

というのも、このエイリアン・モンスター、ただ単に生物に寄生するだけではなく、他人の表現型をちゃっかりと盗むことができるのだ（それと同時に、自分の能力の一部を宿主に与えることもあるらしい）。そのような例は、『エイリアン3』に初めて現れた。そこでは、「人体から生まれたエイリアンはヒトに、イヌから生まれたエイリアンは、四つ足の獣のように」振る舞う。行動パターンだけではなく、形態学的な背景を元にした現象であるらしく、エイリアンvsプレデター・シリーズにおいては、プレデターから生まれたエイリアンが、プレデター的な形態を身に纏っていた（そのおかげで、この暗い映画の中で、どれがエイリアンで、どれがプレデターなのか、さっぱりわからなくなった）。というわけで、エイリアンは必要に応じ、宿主のさまざまな表現型を自らのDNAの中に、何らかの方法で「取り込む」ことができるらしい。

それが具体的にどのような機構によっているのか全くわからない。何か、取り外し可能な「モジュール・ボックス」のようなものが細胞核の中にあって、そこに宿主のゲノムから取ってきた特定の発生制御ネットワークを入れておき、発生の特定の局面においてそれを自在に発動させるとか……。言うのは簡単だが、そのような都合のよい遺伝子制御ネットワークが、概念としてならともかく、取り外し可能なモジュラーな実体として存在するかどうかもわかってはいない。さまざまな形態的表現型が選択的に進化してきた限りは、それに相当する何らかの「情報」がゲノムの中にあることはあるのだろうが、それが「取り外し可能」で、さらに異種細胞の中で「ちゃんと機能」できるかどうか、それはまた全く別の話なのである。

ここにも、DNAと表現型を繋ぐロジックにまつわる困難さが見えている。我々人間が、「腕」とか「目」とか呼ぶように、言葉の上で「表現型」と見なしている単位(断っておくが、これは生物学的単位などではなく、とりあえずは言語学的、記号論的単位である)に相当する構造がそのままのかたちで、ゲノムの中にあるかどうかということなのだ。先に答えを言ってしまうと、そんなものは「ない」のである。しかし、「エイリアン世界」の中ではそれが存在するらしい。あるいは、それができると仮定した上で成り立っているのが、「エイリアン世界」であり、「ブレードランナー世界」なのだ。この両者に共通するのは、生物学的実体が肉眼的レベルの表現型に置かれているということであり、その意味で、これらのモンスターの出自は、器官の継ぎ接ぎでき上がっているフランケンシュタインの怪物と同じところにある、ということができそうである。『ブレードランナー』においても、(眼球など)器官ごとに専門的な「設計担当者」がいて、その結果としてレプリカントが組み上げられていたことを思い出さなければならない。どうやら、それと同じ調子で、デイヴィッドはエイリアン・モンスターを組み立てていたらしいのである。

自分が欲しい表現型をよそからもってくるための、いわば「ジェネティック・エンジニアリング・ツール」を、「エンジニア」たちの開発した生物兵器は備えていたらしい。たぶん、デイヴィッドはそれを発見し、使い回すことによって、エイリアン・モンスターを作り上げたということなのだろう。というのも、デイヴィッドの私設研究所の部屋の中は、分子生物学者の実験室というよりは、むしろ比較解剖学者のアーカイヴのようで、そこにはさまざまなスケッチや標本ばかりが残されており、デイヴィッドが分子的レベルにおいてではなく、直接目に見えるレベルでの「かたち」をいじくり回すことによって、モンスターを創造したらしいということが、ここに如実に示されているからだ。おそらく、彼の「モンスター創造プロジェクト」にとって、ゲノムの塩基配列をどうこうするためのパソコンや、分子生物学実験キットや、遠心分離機や、DNAシーケンサーや、PCRマシーンや、オートクレーヴ装置や、大腸菌のシェイカーなどは一切必要ないらしい。どうやら、さまざまな動物の部品をさまざまに接合させ、その接着剤として問題の生物兵器から抽出した何らかの「エキス」が使用されるのであろう。しかも、そのエキスは、巨視的な解剖学的構築を寸分たがわず再構築するためのゲノムをデザインする能力すら持っているらしい。言い換えるなら、エイリアン・モンスターは文字通り、「経代可能なフランケンシュタインの怪物」なのである。

エリザベス

『デイヴィッドの素描』には、さまざまな生物のスケッチが含まれている。特に念入りに観察されているのはもちろん、エンジニアたちの体であり、おそらく多くの死体に基づいて描かれたのだろう、完璧な体型を備えた男性と女性の解剖図が付されている。ただし、そこに記載された解剖学的特徴に関しては、しばしば解剖学用語の混乱が見られ、残念ながら解剖学者としてのデイヴィッドには及第点はあげられないようだ。[*] 加えて、エンジニアのゲノムに関する記載もわずかながら見られるが、こんな情報が本当に必要だったのかどうかわからない。そこでは、エンジニアが歴史のある時点で自らゲノム改変を行い、自己進化を遂げたことが示唆されているが、それが映画中に示される人間の起原と整合的な解釈なのかどうか、疑問が残る。

*――『プロメテウス』の冒頭にあったように、エンジニアの筋骨隆々とした肉体においては、僧帽筋がひときわよく発達しているのを見て取ることができる。デイヴィッドの解剖図譜においてもそれは注目されているが、「頭部においてよく発達した僧帽筋は脊髄(脊椎ではなく)に付着し……」などと記載されている。また、エイリアン・モンスターの前後に長い頭部には、機能形態学的に考えれば、口中から突き出される攻撃用の顎を動かすための強大な筋とその支持骨格が入っているものと想像されるが、この図においては、頭部前方をすっかり脳が埋めており、問題の「第二の顎」を納める空間が描かれていない。これは、設定上の問題と考えられる。

さて、ひときわ目を惹くのが、幾枚かのエリザベス・ショー博士(ナオミ・ラパス演ずる)の解剖図である。デイヴィッドがエリザベスに対して並々ならぬ関心を持っていたことは劇中でも明らかにされている。彼女を描いた一連のスケッチを見ると、さらにそれがある種異様なまでの執着心というべきものであったことが示唆されている。その姿は、グロテスクであると同時に美しく、また残酷であると同時に甘美でもある。ここには、肉体と精神を分かつ二元論の入り込む余地などはない。生と死が同居しているように、苦痛と快感の間にもまた差異がないのである。それら、相反する要素が渾然一体となって、デイヴィッドの「愛情」を表現している。

エリザベスは怪物の「器官」によって陵辱されているのか、あるいはエリザベスが怪物を取り込もうとしているのか。はたして、彼女が怪物の幼生を宿しているのか、はたまた彼女自身が怪物へと変貌しようとしているのか。まるで、彼女と怪物の間に有機的境界線を引くことができないようにも見える。乳房を切除され、腹腔を露わにしたエリザベスの体内はすなわち体外と同義であり、個体としての人体が外界に対して開かれている。ある種、究極のエロチシズムがここに表現されている。それをデイヴィッドはこよなく慈しんでいるのだ。

おそらく、われわれが「エイリアン」と呼ぶモンスターの中には、エリザベスの一部が混入しているのであろう。映画『ブレードランナー』に登場したジェネティック・デザイナーのセバスチャンが、ネクサス6型のレプリカントに対し、「君には僕の一部も入っているんだよ」と言うとき、それは、「ネクサス6型のゲノムDNAの中には、僕のゲノムの一部も混入させてあるんだよ」ということを意味していたが、ゲノムなきデイヴィッドが自らの「作品」の中に何らかの「証し」を入れようとするなら、それは最愛の人間の一部を取り込むことをおいてほかになかったのであろう。いわば、彼にとってエイリアン・モンスターは、やはり子供を産む能力を持たなかったエリザベス(『プロメテウス』参照)と自分の間に生まれた、紛れもない「子供」なのである。ならば、この愛に満ちた「接合」において、やはりモンスターの「母体」となったのはエリザベスであったと考えるべきなのであろうか。このように、新しいエイリアン・シリーズは、人間ならぬ存在の、人間的尊厳への侵犯を、「生殖と創造」という形で表現しつつあり、その意味でそれを、「もう一つのブレードランナー2049」と呼ぶことができるのかもしれない。その最終的回答を我々が知ることができるのかどうか、それは甚だ心許ないのだが……。

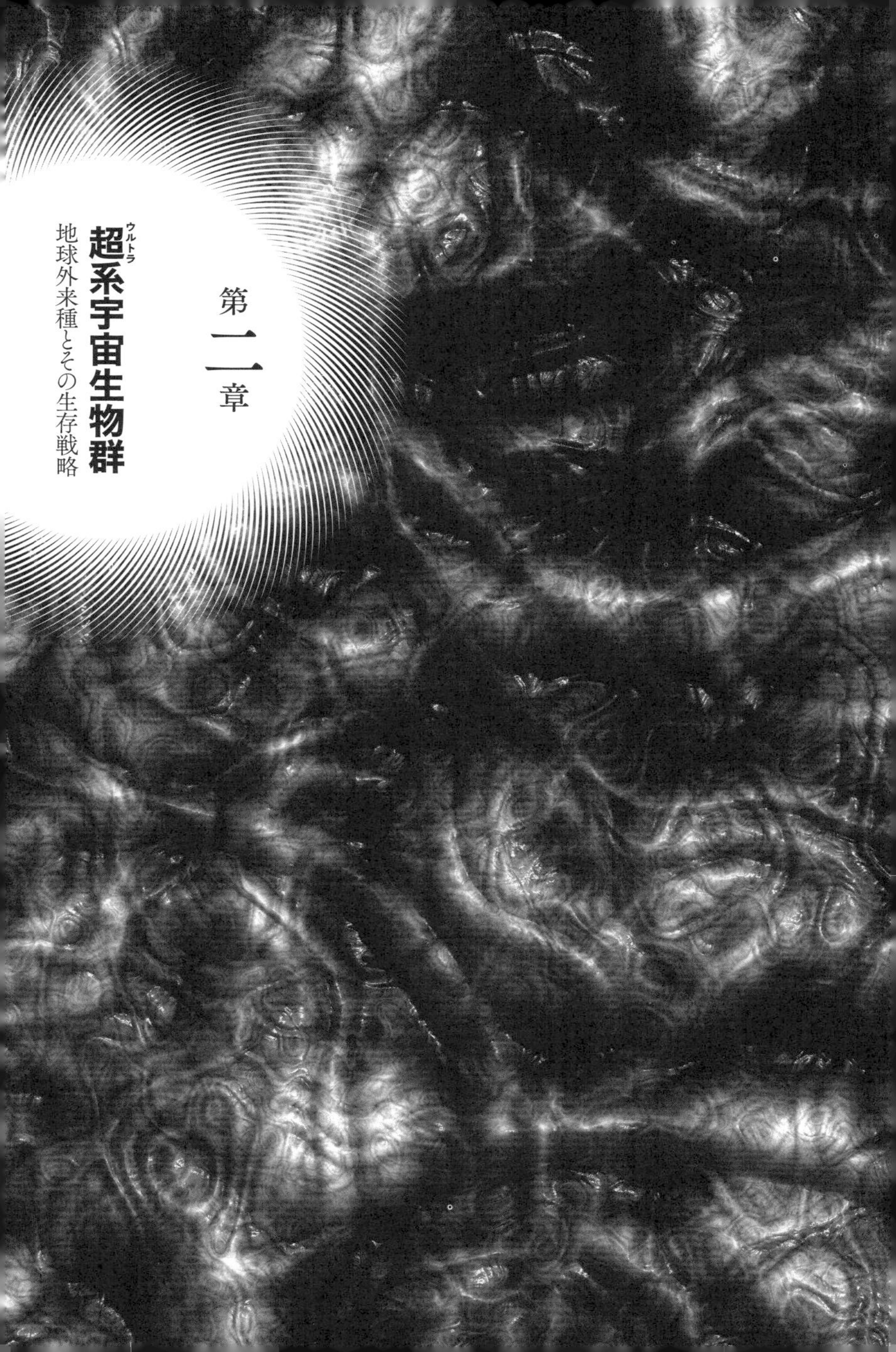

第二章

超系宇宙生物群（ウルトラ）

地球外来種とその生存戦略

この章では、テレビドラマその他に登場したさまざまな地球外生命を取り上げて考察しようと思う。もっぱら日本のウルトラ・シリーズに登場したものを時系列に沿って選び、それを核として、ほかの宇宙生物について考察を広げてゆきたい。ただし、TV番組に現れた宇宙生物の種数はすでに凄まじいもので、ウルトラ・シリーズ以前でも、アメリカの番組の『アウター・リミッツ』(1963–1965)や、現在にまで続くスタートレック・シリーズ(1966–)にも多くのものが登場している。このうち、後者に関しては、次章でいくつかのみ選んで考察する。TVドラマの『インベーダー』(1967–1968)も異星人に関する話だったが、ここには一種のみしか登場しない。それは人の姿に化けているが、小指を動かすことができず(例外もある)、死ぬと赤い炎を上げて消滅してしまう。また、彼らは地上で生活を続けるために、定期的にアルコーヴで生理機能を調節してやらねばならないらしい。このようなSF的設定は面白いが、ドラマそれ自体は、誰も自分の体験を信じてもらえない主人公がただ一人、インベーダー達と戦うという、五〇年代、六〇年代によく見られた地球侵略ものの定型と言ってもよい番組であった。このほか、『宇宙家族ロビンソン』(1965–1968)、『タイムトンネル』(1967)、『原子力潜水艦シービュー号』(1964–1968)などに異星人が現れることがあった。

こういった多くのお茶の間TV番組における異星人が、ウルトラ・シリーズには強く影響し、そこに日本独特のセンスが加わって、「日本人らしい」エイリアンが創造されるに至ったと考えることができる。伝統的に、戦後アメリカのSFドラマには、共産主義に対する嫌悪と恐怖、あるいは仮想敵国の脅威が大きく影響されていると言われるが、そこが日本の宇宙SFと大きく異なるところと見ることもできよう。日本のＴＶドラマでは、ポリティックスが希薄な分だけ、宇宙に対する人間の持つイメージや世界観、自然観が、より素直に宇宙生物の設定に影響してきたのかもしれない。

むろん、国内の番組でも、『宇宙エース』(1965–1966)、『宇宙少年ソラン』(1965–1967)、『遊星仮面』(1966–1967)、『エイトマン』(1963–1964)等の初期のアニメ作品や、『スペクトルマン』(1971–1972)、『ミラーマン』(1971–1972)などの特撮ドラマに数限りないエイリアンが登場してきている。が、本当にキリがないので、ウルトラ・シリーズの初期作品だけを扱ったのがこの章だ。それではまず、『ウルトラQ』(1966)から……。

1――ナメゴンと火星人［火星には軟体動物が似合う］

「事務所で拾って、鎖つけただけなんだ」
「ひどいわ、ひどいわ……」

『ウルトラQ』第三話「火星からの贈り物」より

あるとき、無線機の故障で失敗に終わったはずの火星探査機が地球に戻ってきた。中を開けてみると、小さな金色の球体が二つ。それは、巨大なナメクジを思わせる怪物「ナメゴン」の卵だった……。

以前書いたように、私にとっての最初の本格的な「ウルトラQ体験」はこのナメゴンであった。当時から日本の怪獣の定番は巨大爬虫類であり、巨大な軟体動物が怪物として現れるということは想像していなかった（アニメ作品ではそれ以前にも、たしかタツノコプロの『宇宙エース』（1965–1966）の中で、アメーバ状の巨大生物が現れたことがあったと記憶する）。洞窟の中で暖められた巨大な卵の殻を破って出てきたそれは、文字通り私の度肝を抜いたものだ。怖しくもあり、SF的設定として魅力的でもあり、さらにどこか愛嬌さえ感じさせる。

昔のモンスターには、日常的に見る気味の悪い小動物を単に巨大化したようなものが多く、アメリカでは甲殻類やクモが定番であったが、流石に「ナメクジ」という発想は私の知る限りそれまでなかったように思う（村上安則博士の指摘によれば、『大怪獣出現・世界最強怪獣メギラ登場！』（1957）に登場した「メギラ」はカタツムリのモンスターであったらしい。ほかにもいるかもしれない）。いずれにせよ、「我々脊椎動物にとって、無脊椎動物はまるで宇宙生物だ」を地でいったような怪獣であり、映画『宇宙大怪獣ドゴラ』（1964）における「宇宙生物としての古代のクラゲ」と同じ発想のものだということがわかる。

さて、ウェルズの考えたように、火星人がタコのような形をしていたとしたら、彼らが地球に送り込んだモンスター（ナメゴン）がナメクジ型だったというのは、実に腑に落ちる設定だ。なぜなら、タコもナメクジも軟体動物に属しているからだ。おそらく、火星の生態系において

図▶博物キャビネットの中のナメゴンとオウムガイ。

は、軟体動物が主流派で進化の頂点を極め、火星人の地球攻撃はいわば、人間がゴジラを操って外惑星を侵略するようなもの、と言ってよいのかもしれない。しかも、軟体動物のうちで最も知能が高いのがタコを含む頭足類だというのもよく知られたこと、[*]そんな頭足類型宇宙人が知的生物として火星に君臨し、家畜か何かのように巨大ナメクジを手なずけていたとしても不思議はない。ことによると、火星人にとってナメゴンは本来、人間にとっての牛や豚のような食用の家畜だったのかもしれない。あるいは、火星人自身もまた、ナメクジ様の生物だったのかもしれない。手塚治虫氏の大河漫画『火の鳥』では確か、人類滅亡ののちに知的生物として進化したナメクジが描かれていたように記憶する。

*——頭足類にはタコやイカのほか、オウムガイや中生代の化石動物、アンモナイトなど、「貝殻」を持ったものも含められる。現生のアオイガイ(カイダコ)やタコブネも貝殻を持つ頭足類である。古生代に棲息していた直角貝 Orthoceras は現生のオウムガイに近縁で、まっすぐに伸びた貝殻を持っていた。

あらためて考えてみると、地球において知能の高い無脊椎動物は確かに頭足類かもしれないが、陸上への進出を果たした軟体動物はむしろ腹足類、つまり巻き貝の仲間であった。むろん、マイマイの仲間(いわゆるカタツムリ)やキセルガイに近縁のナメクジもその中に入る(そういえば、最近キセルガイをあまり見なくなった)。

ナメクジは二次的に殻を失ったマイマイの仲間だが、[*]このような進化は過去複数回起こったと考えられている。これらはみな「有肺類」と呼ばれる陸貝の仲間で、触角の先端に眼を持つことを大きな

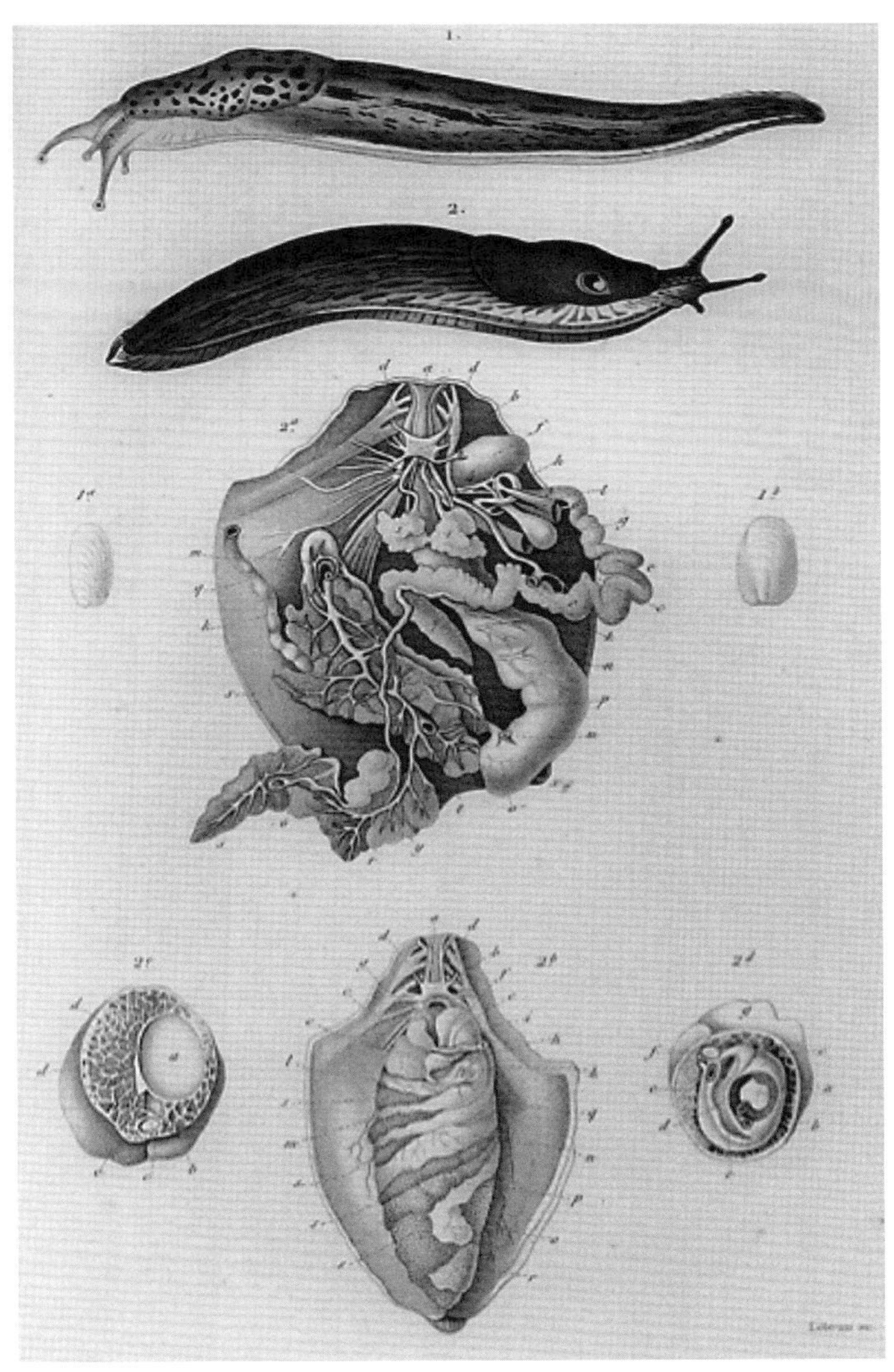

図▶ナメクジは有肺類に属する巻き貝の仲間。19世紀の博物画より。

特徴とする。ほかに、二枚貝の仲間（これを斧脚類という）も軟体動物に含まれるが、やはり陸上に進出することは適わなかった。体制（体のデザイン）の点から陸上生活に適する軟体動物は、巻き貝の仲間だけだったということなのだろう。ちなみに、タコの類も希には自ら陸に上がることがあるというが、いつもというわけにはゆかないようだ。宇宙生物ではないが、かつてキングコングと戦った大ダコや（『キングコング対ゴジラ』）、南方の島嶼で信仰の対象となっていたスダール（『ウルトラQ』「南海の怒り」に登場）が陸に上がって人を襲ったのは、かなり例外的な事象といわねばならない。

＊――同じ「マイマイ」でも、『帰ってきたウルトラマン』（1971–1972）に登場した「キングマイマイ」はおそらくドクガ科に属する「マイマイガ」という昆虫をモデルにしたものと思われる。分節的な体といい、脱皮することといい、キングマイマイにはたしかに昆虫を思わせる特徴がいくつか見られる。

頭足類に似たデザインの宇宙人で、かつ、陸上での生活に適応したらしいと思わせるのが、映画『メッセージ』（ドゥニ・ヴィルヌーヴ監督）に登場する七本脚の軟体動物様エイリアン、通称「ヘプタポッド（七本脚の意）」である。時間軸を超越した存在である彼らは、人間とはかなり異なった世界の認識方法と、それに基づく特殊な言語を有している。したがって、ヘプタポッド語を習得することは、彼らの世界認識を学ぶことに繋がり、結果、彼らとの通訳を任された言語学者は、ヘプタポッド同様「未来の記憶」を有するに至る。その能力を用いて戦争を回避するという、極めてSF色の強い話がこの映画である。

このヘプタポッド、その形態からやはり頭足類様のボディプランを持っているとみてよいのだろう。

しかも、彼らは陸上の生物であるように見え、その触手、あるいは歩脚には、関節を伴う内骨格が備わっているように見える（ただし、俗に「イカの甲」と呼ばれる骨格要素は痕跡的な貝殻に相当する構造で、内骨格要素ではない）。動物が知的生物として進化するにはある程度のサイズが必要であり、サイズを増大させるには、身長の三乗の割合で増加する体重を支えなければならない。さもなければ、重力で体型が維持できない。ならば、骨格は是非とも必要なのである（「脱軟体動物」としての知的生物化）。地球上の軟体動物には、しばしば軟骨様の組織が発達することがあるが、それが触手の支持構造に用いられれば、ヘプタポッドのような知的生物の進化も可能になったかもしれない。SFに登場する知的異星人の多くは直立二足歩行のヒト型生物が多いが、タコのような生物がいるという設定は確かに面白く、ユニークである。あらためて考えてみれば、ウェルズの火星人も、これと同じ方針の想像だったのである。

話をナメゴンに戻そう。ナメゴンの触角の先端にも明瞭な眼があるので、この怪獣が単に軟体動物というだけでなく、確かに地球の有肺類と極めてよく似た陸貝の仲間だということが推察される。ただし、この「眼」は必ずしも我々の眼と同じ感覚機能を持つのではなく、光線を発し、敵を殺傷する特殊な器官だという可能性もあるし、そもそも火星の生物が地球の分類学で扱えるわけがないと言われれば認めるしかない。また、ナメゴンの口には、マイマイの仲間に見られる口器、すなわち「顎板」や「歯舌」がなく、その代わりに触手のような突起が多数生えている。これが何を意味するのか不明だが、火星の環境に適応したナメゴン独自の食性と関連していることは間違いなさそうだ（ちなみに、この「鬚」と前肢の形状から、ナメゴンとアザラシとの類似性を見る向きもあるようだ）。ナメゴンが「塩水に弱い」

というのは、地球の多くの有肺類と同様、浸透圧の差による水分の喪失が致命的だということなのであろう。火星の運河には、真水が流れているということなのだろうか。

ナメゴンの孵化は二回映像化されている。その発生過程はごく短時間で修了し、それはもっぱら熱によって促進されるらしい。この過程で、卵は卵殻ごと膨張し、同時にその重量も増すが、これは空気中の水分の速やかな吸収を通じて生ずる現象であると覚しい。この仮説は、塩分に弱いナメゴンの性質とも整合的である。同時にそれは、ナメゴンの発生が前成説的な過程であることも示唆している。つまり、卵の中には、すでにほぼ完成形に近い「ナメゴンの雛形」とでもいうべき「胚」が収まっており、それが単に拡大することのみを通じて成体になると考えられる。いわば、一つの卵細胞から徐々に形態を作り出す胚発生過程は、あらかじめ産卵された時点で終了していると考えるべきなのだろう。

2——ボスタング［軟骨魚類との類似と差異］

あなたの隣の方、その人も宇宙人かもしれませんよ　『ウルトラQ』第二一話「宇宙指令M774」より

「ボスタング」とは、地球征服を企むキール星人が地球に送り込んだ、巨大なエイ型の宇宙怪獣である（「宇宙指令M774」より）。一方、地球を守るためにそれを阻止しようとするのが、善の宇宙人、ルパーツ星人の「ゼミ」。彼女は地球人の女性の姿となり、国立中央図書館に勤務し、「一条清美」を名乗っている。楚々とした美人である。ひそかに地球人になりすまし、地球の平和を守っているゼミはある意味、地球の危機を伝えにやってきた善意の「パイラ星人」（『宇宙人東京に現わる』に登場）や、「宇宙人クラトゥ」（『地球の静止する日』）、宇宙から来たのに海底に潜んでいた『アビス』のエイリアン、さらには、M78星雲「光の国」から来たヒーロー、すなわちあの『ウルトラマン』（1966–1967）へと連なる友好的宇宙人といえる。

かれらルパーツ星人は、これまで幾度も地球を訪れた。金色のサンダルを履いていること以外、全く地球人と見分けがつかず、使命が終わるとともに完全に地球の文明社会に溶け込んでしまう。母星

へ帰るチャンスが幾度もありながら、彼らはみな、この美しい星、地球に留まることを選んでいるのである。独りぼっちになったマゼラン星人の「マヤ」（『ウルトラセブン』（1967–1968）の第三七話「盗まれたウルトラ・アイ」）も、彼らを見習うべきであった。

一方で、問題のキール星人についての情報はほとんどない。中央図書館に秘蔵されていたルパーツ星からの書物にその記載があったのかもしれない。が、ドラマの中では一切登場しない。いったい、ヒューマノイド型宇宙人なのか、それとも海棲無脊椎動物型の宇宙人なのかもわからない。しかし、後者である可能性は高いだろう。彼らは、卵の状態でボスタングを輸送し、地球の海にそれを放つのである。

怪獣ボスタングの形態はほとんど「大型のエイ」といったところで、これと言って目立った特徴はない。おそらく、数あるエイの中でも「ガンギエイ目（雁木鱝目）」にとりわけ近いものと思われる（図）。つまりボスタングは、いわゆる「脊椎動物型宇宙生物」の系譜に連なると同時に、よく知られた地球の動物を単に大きくして怪獣にするという、あの「ナメゴン」や、「大モグラ」や、「マンモスフラワー」などに代表される「巨大化怪獣」のカテゴリーにも区分されるわけである。それが宇宙怪獣であるという点において、「ウルトラQ怪獣」の中でとりわけナメゴンとよく似た存在だと言うことができよう。エイに近縁のサメについては、それ自体がすでに怪物めいていて、ついこの間も『MEGザ・モンスター』において、古代の巨大サメの生き残り、メガロドン*Carcharocles megalodon*が「ほぼ怪獣」として登場していたが、エイの怪獣というのはひょっとするとボスタング以外にないかもしれない（『ウルト

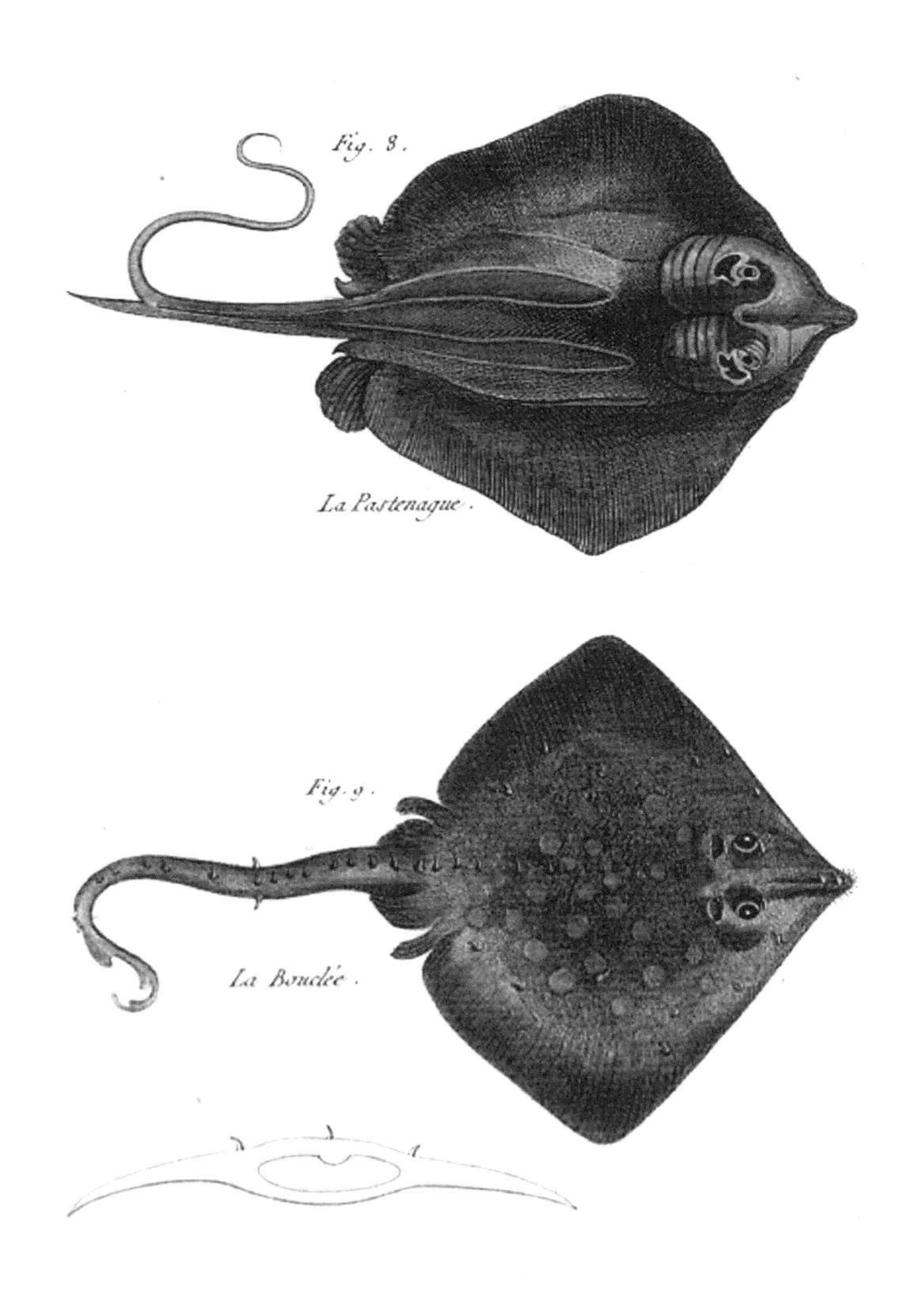

図▶アカエイ(上)とガンギエイ(下)。これは19世紀ヨーロッパの博物画だが、ルパーツ星の書物にあった図版もこれとよく似ていた。ボスタングはとりわけガンギエイに似ている。

ラマンタロウ』に登場した「サメクジラ」がエイに似るという指摘あり)。

このように一見地味でありながら、よく見るとユニークなボスタングだが、この怪獣は意外にも音に敏感で、大型船の発するエンジン音を感知し、これを攻撃するという凶暴性を持っている。それが特徴と言えば特徴か。腹部から見ると、一見ひょうきんな顔をしているようにも見えようが、眼のように見える孔は実は外鼻孔にほかならず、実際の眼は頭部背面に位置している。地球の軟骨魚類板鰓類(サメやエイを含む分類群)は、頭部に「ローレンツィニ瓶器 Lorenzini's ampulla」と呼ばれる、側線器官が特殊化した独特の感覚器官を備えており、これでもって電気を感ずることができる。つまり、獲物となる動物の活動電位を検出できるので、心臓が拍動している限り、サメやエイから逃れることはできないのである。ローレンツィニ瓶器を持つために多くのサメやエイは、吻部が拡大して尖っているが、それについてはボスタングも例外ではない。とはいえ、ボスタングが実際にローレンツィニ瓶器を持っているという証拠は得られていない。

地球の硬骨魚類には、聴覚器官として「ウェーベル氏器官」が知られている。これはウキブクロに達した震動を、肋骨や椎骨の要素を介して内耳に送るというもので、硬骨魚類のうち、ネズミギス類と骨鰾類(コイ、ナマズ、デンキウナギを含む)にしか存在しない。つまり、魚類の世界では、聴覚が決定的に重要というわけではないらしい。むしろ板鰓類の感覚のうちで鋭敏なのは、よく知られているように嗅覚である。ボスタングとエイの類似性はおそらく外見的なものにすぎず、とりわけ感覚器の機能と構造に大きな差がありそうだ。

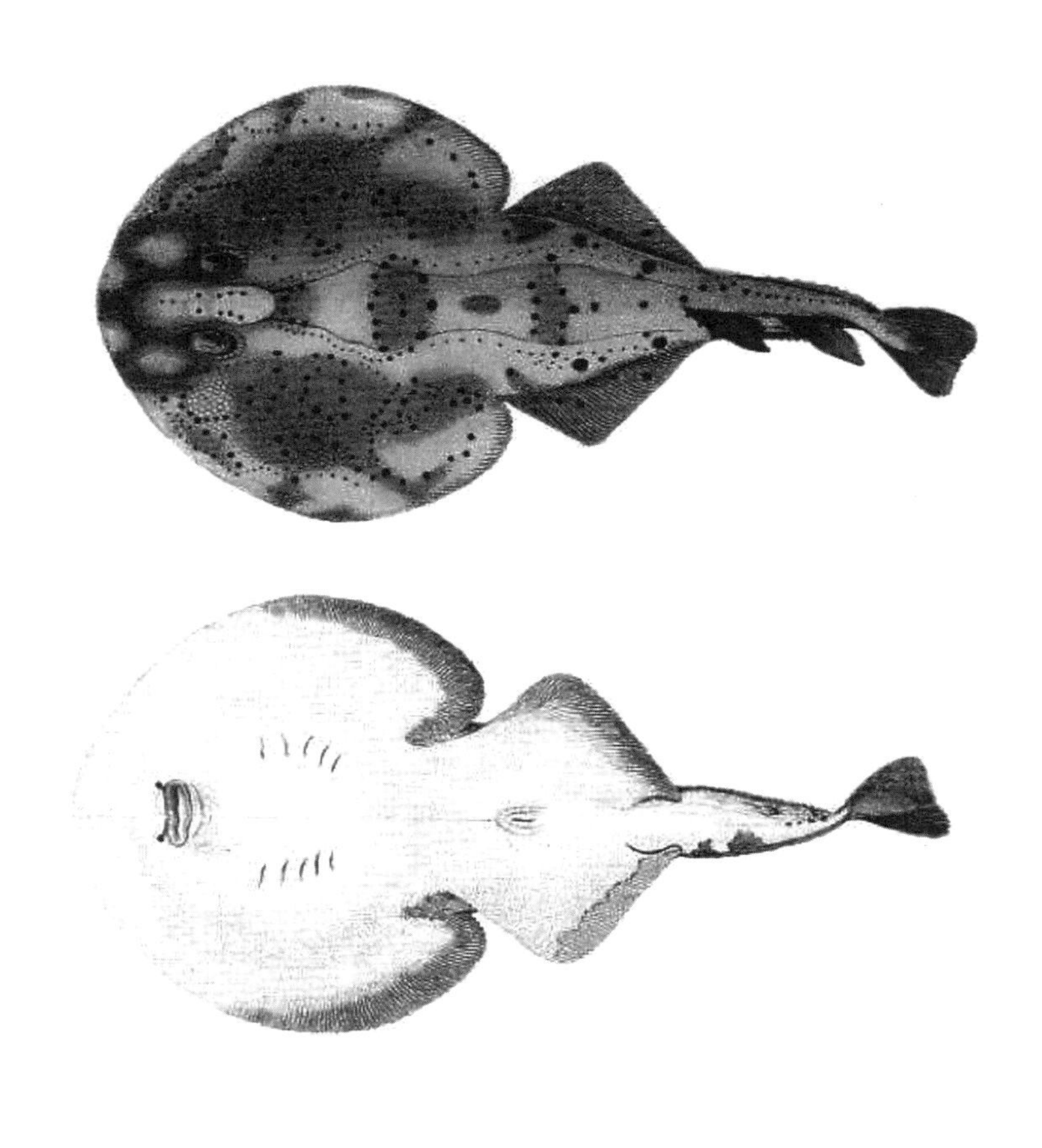

図▶シビレエイの背面（上）と腹面（下）。同じく19世紀の版画から。下図における鰓孔に注目。

もう一つ、ボスタングとエイに形態学的差異があるとすれば、それはおそらくエラ孔(鰓孔)だろう。一般に、現生の板鰓類は、「呼吸孔」と呼ばれる孔の後方、左右それぞれに五つの鰓孔、もしくは鰓裂を持つが(原始的な系統では、これを超える数の鰓がある)、サメの仲間ではこれらが頭部側方に開く。しかし、エイの仲間では鰓孔が体の腹面に開き、口の後方で鰓孔列が弧を描く(図を参照)。エイの扁平な体は胸鰭の変形したものであるから、サメとエイでは胸鰭に対する鰓孔の相対的位置が異なっているわけである。

さて、ボスタングはと見ると、中央図書館に秘蔵されていたルパーツ星の例の書物では、ボスタングの腹面、口の後方に、U字型の紋様が描かれているのがわかる。これが何を意味するのか不明だが、かなり多数の開口がひと連なりになり、ネックレス状に配置している可能性がある。これはかなり不可解な構造で、普通の脊椎動物の発生過程では出現しないような異常なパターンであることは、ここで強調しておいてもよいかもしれない。

さらに、ボスタングの卵はラグビーボール状で、メガギラスの卵ともよく似るが、実際のエイやサメの卵は、扁平な長方形の巾着のようなもので、その四隅には海藻に絡まるための長い紐状の突起が付随している。むろん、ボスタングの卵のように、孵化に先立って激しく泡を噴出するようなこともない(この泡が、ボスタングの発生にとってどのような意味があるのか、全くわかっていない)。以上のような差異はあるものの、宇宙怪獣としてのボスタングのリアリズムには、ナメゴンにも通ずるSF性が横溢していると私は思う。

3――バルンガ［恒星を喰う胞胚］

怪物？　バルンガは怪物ではない。神の警告だ
バルンガは自然現象だ。文明の天敵と言うべきか
こんな静かな朝はまたとなかったじゃないか
この気違いじみた都会も休息を欲している
ぐっすり眠って、反省すべきこともあろう

『ウルトラQ』第一一話「バルンガ」より

全部で二八話ある『ウルトラQ』の中でも、ひときわ寓意性の高い話が「バルンガ」であった。宇宙生物である「バルンガ」は、あらゆるエネルギーを吸い取っては大きくなってゆく風船のようなモンスターだ。それは「イボイボのついた大福餅」といった形状で、その腹側（？）には触手のようなものが何本も生えている。そいつの食料は何と「エネルギー」で、それが東京上空に現れることによって、電気や交通機関が全てマヒしてしまう。騒音のなくなった町に佇み、バルンガを見上げながら宇宙生物学者の奈良丸明彦博士が言うのが、冒頭に引用した台詞なのである。この博士の台詞こそが、この

エピソードにおける核心を語っている。

形態的にも、行動生理の点からも、バルンガのオリジナリティはかなり高い。そのデザインも、まるで何を模倣したのかわからないが、ことによると繊毛を伴った細胞のシートからなる動物初期胚(胞胚期)を真似たものだという可能性はある。それは、いわば、動物の持ちうる最も原始的で単純な形状であり、その体にはバルンガの「内部と外部」しか定義されていない。それがすなわち、生物としてのエネルギー収支を反映した形態であり、バルンガの存在はひとえに「エネルギーをその内部に取り込むこと」という原始のロジックを象徴しているのである。換言すれば、バルンガは極めて観念的で、理想化された怪物なのだ。そういったところが、どこか「宇宙大怪獣ドゴラ」にも似ている。

一九九五年の阪神淡路大震災において「ライフライン」という言葉が生まれたように、人間は最早、文明の作り出したさまざまな機械や道具なしでは生きられなくなってしまっている。現代ならば、ケータイやスマホ、あるいはインターネットにそれを見出す向きもあろうが、それが人のコミュニケーションや情報通信に入り込んだ二次的なテクノロジーであり、それが手放せないからこそ、その生活を支えるインフラ、つまり、水道やガス、電気などはもはや当たり前すぎて、それらがなくなることすら想像できなくなってしまっている。こういったものはすでに、見えないほどに普遍化してしまっているのだ。そういった社会インフラをターゲットにする存在は、確かに脅威にして怪物的である。

そういえば、二〇一七年の映画『ブレードランナー2049』においても、文明の歴史を分断した出来事として「大停電」が想定されていた。それによって、未来社会を成立させていた情報の多くが永

図▶神戸市三宮の繁華街上空に出現したという想定のバルンガ。

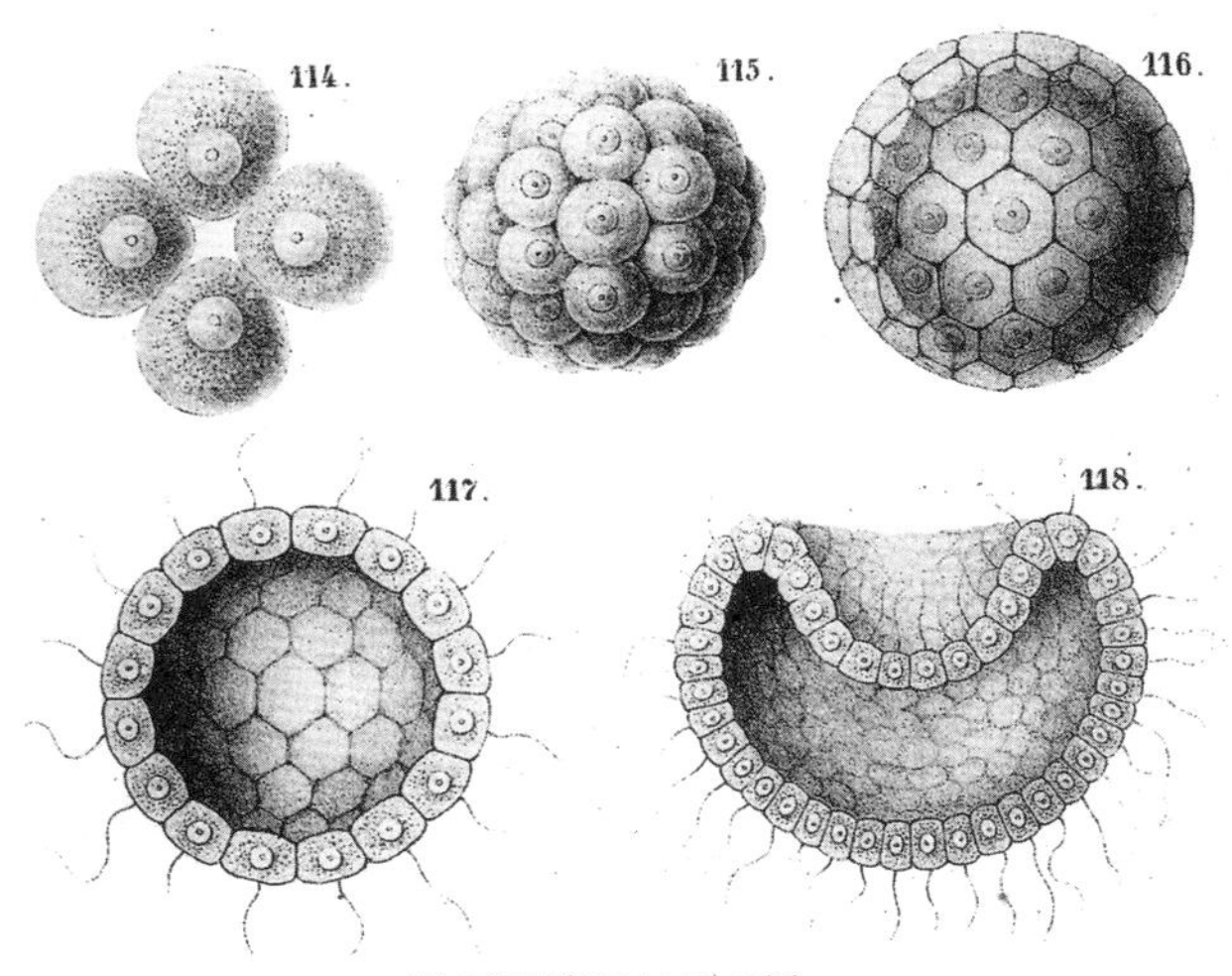

図▶エルンスト・ヘッケルによる「胞胚期」(116と117)の図。

遠に失われてしまったのである。「バルンガ」の舞台である一九六〇年代中期の日本は、敗戦からまだ二〇年ほどしか経っていないが、それでも電気が止まることによって引き起こされるパニックが、現代とあまり変わらないほどになっていたということが、このエピソードからよくわかる。

「バルンガ」は、普通の意味でのいわゆる怪獣ではなく、社会を見直すための一種の実験的な道具立てとしてドラマに登場している。人間の作り出すエネルギーを全て食い尽くしてしまうバルンガをどうやって撃退するかというと、宇宙空間に核爆発を起こしてやるのである。そうすると、バルンガはそれを喰おうと追いかけてゆき、結果、さらに大量のエネルギーを有した太陽がそこにあることに気がつく。かくしてバルンガはもう地球には戻ってこず、ひたすら太陽に向かって突き進んでゆくのであった。

貪欲にエネルギーを食い尽くし、エスカレートを止めないバルンガ。この怪物は人類に対する警告であると同時に、未来の人類の運命さえ示唆しているかのようでもある。人類は果てしのない欲望に突き動かされ、いずれ自分の星の資源だけではなく、太陽やほかの恒星まで食い物にしてしまうのか……。そのシナリオは、SF作家のアーサー・C・クラークが文明の最終段階として想定したものではなかったか。そういえば、『スター・ウォーズ／フォースの覚醒』(2015)において、実際に惑星を一つ丸ごと改造し、宇宙空間を自由に動き回り、恒星のエネルギーを吸い取っては敵めがけて発射するという、とんでもないスーパー兵器が登場していたが、あれなどは、バルンガのような生物の代謝機構をじっくり研究すれば、いつか開発できるかもしれない(開発する必要はさらさらないけれど)。

しかし、この番組のオリジナル放映を原体験として見ていた当時の私は、文明風刺など露知らず、ちょっと変わった怪獣ドラマとしてこのバルンガのエピソードを見ていたもので、石坂浩二によるエンディングナレーション「明日の朝、晴れていたらまず空を見上げてください。そこに輝いているのは、太陽ではなく、バルンガなのかもしれません」が、恐ろしくて堪らなかった。この気の利いたナレーションこそが、「バルンガ」を怪獣ドラマとして成立させているわけである。奈良丸博士によると、「恒星こそバルンガの本来の食べ物だ」という。この設定も、SFとして誠に秀逸であったというべきであろう。

図▶バルンガ。

4——ケムール人の周辺［異星と異界の生命原理］

たぶん、大丈夫だろう……

『ウルトラQ』第一九話「2020年の挑戦」より

老いて衰えた肉体を回復させようと、地球人の若い肉体に目をつけた異世界の住人、それが「ケムール人」だ。同様の目的で地球人が遭遇した異星人は意外に多い。たとえば、あの「物体X」（『遊星からの物体X』）もそうだったかもしれないし、『ボディ・スナッチャー／恐怖の街』（1956）での人間に変身した宇宙人、TV番組『スタートレック：ヴォイジャー』（1995–2001）に登場するヒューマノイド型宇宙人の「ヴィディア人」（奇病フェイジに冒されており、生き続けるために人間の臓器を奪う）、そして、その昔富士山麓に飛来した「遊星人ミステリアン」（『地球防衛軍』）などもよく似たカテゴリーにある。

ミステリアンは強引に地球の若い女性を誘拐し婚姻を目論んだが、ケムール人は人間の肉体そのものを強奪する方法に訴えた。そのさい、頭頂部から分泌される、「消去エネルギー源」と呼ばれる可燃性で粘稠度の高い液体が用いられ、それが転送機として機能し、犠牲者の体をケムール人の棲む異世界へと送るのである。

ケムール人が宇宙生物かどうか、それは本書の方針にとって極めて興味深く、かつ微妙な問題だ。少なくとも彼らは、ケムール「星人」とは呼ばれていない。どこかに存在している、この現実とは別のもう一つの世界として、SFドラマではしばしば「四次元世界」、「異次元世界」のようなものが描かれる。が、「次元」というのは本来この世界の数理物理的表記にすぎず、必ずしもそういう世界が何か、この世とは別のものとして実在しているという話ではない。

たとえば、『ウルトラマン』に登場した「四次元怪獣ブルトン」を考えてみる。この、フジツボだかホヤのような姿をもった怪獣は、どういう仕組みか知らないが、我々の棲む時空をねじ曲げる能力を持ち、日常空間の中にワームホールか、さもなければ「どこでもドア」のような経路を多数作り出すことができる。この魔術師

図▶ケムール人。

のようなヤツに、科学特捜隊はとことん悩まされた。ブルトンは別に「四次元」という名のついた別の特定の場所からやってきたわけではない。明確に「宇宙怪獣だ」とは呼ばれていなかったが（宇宙もまた、我々の世界観では「この世」の延長でしかない）が、そのもとが「隕石だ」とは言われているので、やっぱり定義上、宇宙怪獣かもしれない（そのわりには、ブルトンの半分はたしか道端にいきなり落ちていたのではなかったか。こんなモノが本当に隕石だろうか）。

とにかく何だか知らないが、この怪獣は我々にはできないようなやり方で、この時空に作用できるらしい。したがって、本書で扱う地球外生物の範疇にはないのかもしれないが、そもそも「地球外」という接頭辞が単に宇宙に留まらず、「この世ならぬ別の場所」、「我々の理解できない別の世界」をも意味するというのであれば、やはりブルトンは地球外生命体と呼ぶに相応しい。そして「彼らには、我々の知らない異世界の能力がある」と認識するのが正しい。いずれにせよ、我々の常識を越えた非日常的存在として、ブルトンは「アンバランス・ゾーン」に棲息する模範的な怪獣なのである。

このブルトンと類似した技を持っていたのが『ウルトラセブン』に登場した「イカルス星人」であり、こちらの方は明確に宇宙人である。人間の振りをして空き家に住み、この世界に重なって存在する「異次元世界」を作り出す。ブルトンが自らの身体能力の延長で時空に干渉していたとするなら、イカルス星人は先進的なテクノロジーでもってこれを行う。そこに捉えられ、出られなくなったモロボシ・ダンは、異次元生成装置を破壊することによって現実世界に帰還する。これは、我々が暮らしているこの三次元世界に対して、それとは別にどこかに四次元世界があるというような話ではなく、イカルス星人が「時空に関して多次元的思考でもって臨んでいる」と言った方が正しい。いずれにせよ、我々には見えない別世界がこの世に重なっているというのなら、それはむしろ、ギリシャの哲学者達の考えた「多世界論」とか、「パラレル・ワールド」のようなものと考えた方がよいのかもしれない。

『ウルトラQ』にも異世界のようなものが描かれたことはある。たとえば、「206便消滅す」での不思議な空間がそれで、そこには戦時中の戦闘機が迷い込んで出られなくなっており、巨大なアザラシ怪獣が万城目たちを襲うのであった。あの、「魔のバミューダ海域」が下敷きになっていたのかもしれない。一の谷博士はこれを文字通り「ある種の特殊な空間」と呼んでいた。それはイカルス星人の作り出した空間にも似て、現実空間と「音」を介したコミュニケーションは取れるのだが、互いの姿が一向に見えないのである。いずれも、異次元というよりは、現実世界と重なる「異空間」として認識されている。稲垣足穂の夢想した「薄板界」もこれに近いものだろうか。このほかにも、「育てよカメ」における太郎の夢や、「あけてくれ」における電車の中は、「異空間」と呼ぶに相応しい内容を備えていたと言える。

「パラレル・ワールドの住人」としてのケムール人は、「ありえたかもしれない、もう一つの末路としての人間の姿」として現れているのかもしれない。ことによると我々人間は、いま頃別の世界でケムール人のようなものに進化していた可能性があるということだ。つまり、パラレル・ワールドの重ね合わせとしての進化系統樹である。あるいは、神田博士の言う「現在二〇二〇年という時間を持つ」ケムール人は、一九六〇年代の人間から見れば「未来人」ということになり、したがって人類の否定的可能性の具現でもある。未来に棲む「もう一つの人間」が現在の世界に侵犯し、我々の肉体を奪ってゆく。

「ありえたかもしれないもう一つの現実」、「今後ありうるかもしれない、もう一つの未来」。そういったものが現実と入れ替わり、なかなか元には戻れない。近未来ディストピアを扱った多くのSFは言うに及ばず、地球外生命体との遭遇もこれと同質の恐怖を孕んでいる。『ウルトラセブン』における「第四惑星の悪夢」は、地球そっくりのある惑星において、人間がロボットの圧政支配に苦しむ恐怖を描いているが、これもまた、充分にありうる地球の未来の姿にほかならない。この話は、異次元人（異世界の住人）としてのケムール人の存在が、いわゆる「宇宙人」という夢想と連続的に繋がっていることを如実に示している。

5――ガラモンとセミ人間［脊椎動物と昆虫の微妙な関係］

「我々がイヌやサルをロケットに乗せて打ち上げるのとはわけが違うねぇ……」
「地球征服……」

『ウルトラQ』第一三話「ガラダマ」より

遊星チルソニアに棲む昆虫型宇宙人は、地球征服のため、その高度な技術でもって巨大ロボットを建造し、緑の地球に向けて打ち上げた。

すでに別のところでも書いたことだが、「セミ人間」というモチーフもまた秀逸だ。カブトムシでもなく、トンボでもハエでもなく、「セミ」という昆虫のわけのわからなさが文句なく素晴らしい。そして、セミとしての形態もかなり正確だ。複眼に加えて三つの単眼が備わっている。触角がないのは設定上の問題だろう。というわけで、夏休みに山のようにセミを捕まえていた子供たちにとっては、まるでセミが逆襲しにやってきたようにも見え、そこに何か因縁めいたものを感ぜずにはおれなかったのである。そのセミ人間が、当たり前のように人間に化けている。

あの一九六〇年代、街を歩いていると、時々妙に気になる雰囲気を持った大人に出くわすことがあった。何というか、そう、「怪人」とでも呼ぶしかないあの異形の人影に、セミ人間はきっとうまく化けていたのに違いない。そんな「怪人・セミ人間」には黄昏がよく似合う。おそらく彼は地球に潜入した秘密特殊工作員であり、黒いフロックコートの下には小型電子頭脳を隠し持ち、機会を窺って巨大ロボットを起動させにゆくために街を徘徊する……。セミ人間はこのように、江戸川乱歩の描く少年探偵小説の世界にも半分棲息していたように思い出される。それはただの宇宙人ではなく、「女賊・黒蜥蜴」や「怪人二十面相」、あるいは「青銅の魔人」や「怪奇・ヘビ女」にも連なるイコンなのだ。

いうまでもなく、「ガラモン」というモンスターは、いわばこのセミ人間が作り出した「ロボットのようなもの」であり、厳密には本書で扱うべき地球外生命体には当たらない。そんなガラモンを扱うとなれば、地球の自動車を盗むためにバンダ星人が開発したコンテナ「クレージーゴン」や、ペダン星人のスーパーロボット「キングジョー」、同じく地球を侵略するためにブラックホール第三惑星人が鉄板と鋲で建造した「初代メカゴジラ」、そしてビルサルド人がナノメタルで組み上げた対ゴジラ兵器「メカゴジラシティ」や「ヴァルチャー」まで扱わねばならなくなる（そういえば、「ユートム」などという、わけのわからないものもあった）。が、これら全ては、見るからにただの機械である。[*]

*――ただし、AIとしての機械が、宇宙放浪の果てに様々な改変を受け、結果として人間にとっての脅威となるケースも多く描かれてきた。その一例が、映画版『スタートレック』(1979)に現れた「ヴィージャー」であり、これは遭遇するあらゆるものを同化し、思考する機能を備えたものに「進化」していた。この原型となる話が、『宇宙大作戦』における「ノーマッド」で

あり、さらにその発展形が「ボーグ」であると言えるかもしれない。人間にとって脅威となる「知性」を持つに至った機械であれば、『ダーク・スター』のコンピュータもその一つに数えられる。

こういった「金属の塊」としてのロボットとは異なり、ガラモンにはどことなく動物的、有機的なイメージがつきまとっている。おそらく、生体部品や培養細胞から作り出した人工組織でも使っているのか、一見機械のようには見えない。あるいは、宇宙生物に機械を組み込んだ巨大サイボーグかもしれない。電波遮蔽網で倒したガラモンは、どう見ても「死んでいる」のであり、そのまま放って置くと、腐敗して異臭さえ放ち始めるに違いない。

さて、昆虫のような存在であるところのセミ人間が、一見、脊椎動物型のロボットを操るというのはどうしたものだろう。そこが、『宇宙戦争』(2005)における火星人と決定的に違うところだ。あの火星人は、自分の体と同じデザインの「トライポッド」を操縦して地球を蹂躙していた。一方、昆虫型の宇宙人が操るガラモンは、紛れもなく脊椎動物の姿を真似ている。

ガラモンには一対の腕と、一対の歩脚、レンズを備えていると覚しい二つのカメラ眼の直下には、二つの外鼻孔、さらにその下に上下に開閉する口が開き、その内部には舌を思わせる突起まで揃っている。これは疑いもなく、我々と同じ形態学的方針で作られた脊椎動物的存在であり、しかもそれは、顎を備えた有顎動物であり、あえてそれ以上分類しようというなら両生類か爬虫類、少なくとも四肢動物に相当するのだろうと思わせる。つまりガラモンは、はるばるチルソニア星からやってきたのかもしれないが、形態学的には我々の同類なのである。ちょうど、セミ人間がセミ以外の何ものでもないように。ということは、この世（宇宙）に存在する限り、大型の動物の形態が進化するやり方には高々有限個のレパートリーしかなく、地球と全く縁のない惑星で進化した生物であっても、昆虫や脊椎動物と呼ぶしかないほど類似した動物が、半ば必然としてでき上がってしまう（同じパターンに収束してしまう）という可能性を示唆するのである。ある意味それは、この宇宙を一定の姿に縛りつけている一種の「拘束」、形態形成のルールとでも呼ぶことができるだろう。

ガラモンのようなロボットを操る昆虫型の宇宙人はしたがって、脊椎動物としての地球人を自分よりも下位に置く、相当に知能が高く、血も涙もない生物であろうと想像させる。昆虫と脊椎動物の力関係が、彼らの星では逆転しているのだ（いや、そもそも生態学的には最初からずっと昆虫が我々より上かもしれない）。彼らはその点で我々とは異質なのであり、その故に太刀打ちできそうもない。たとえばそれは、「お前の眼などより、我々の複眼の方が格段優秀だ」と、一方的に言われるようなものだ。それがあながち間違いではないというところが、また恐ろしい。

確か、これに似た状況が何か別の番組にもあったような気がしてならなかったのだが、さっき急に思い出した。一九六七年から一九六八年にかけてフジテレビで放映されていた『怪獣王子』というドラマがそれである（筆者と同じ年代の読者諸氏の頭の中では、「オーラァー！」と叫ぶあの少年の声が、久々に蘇ったかもしれない）。その中で、たしか「昆虫人間（「魔人昆虫軍団」が正確な呼称？　彼らが宇宙人であったかどうかまでは覚えていない）」が、新生代に棲息していた巨大な鳥類（恐鳥類）の「ジアトリマ *Dyatrima*」（正確な表

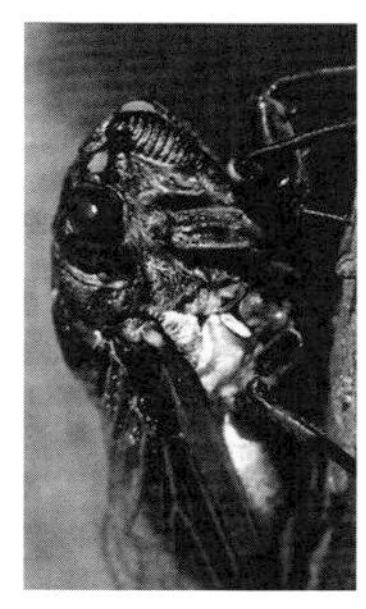

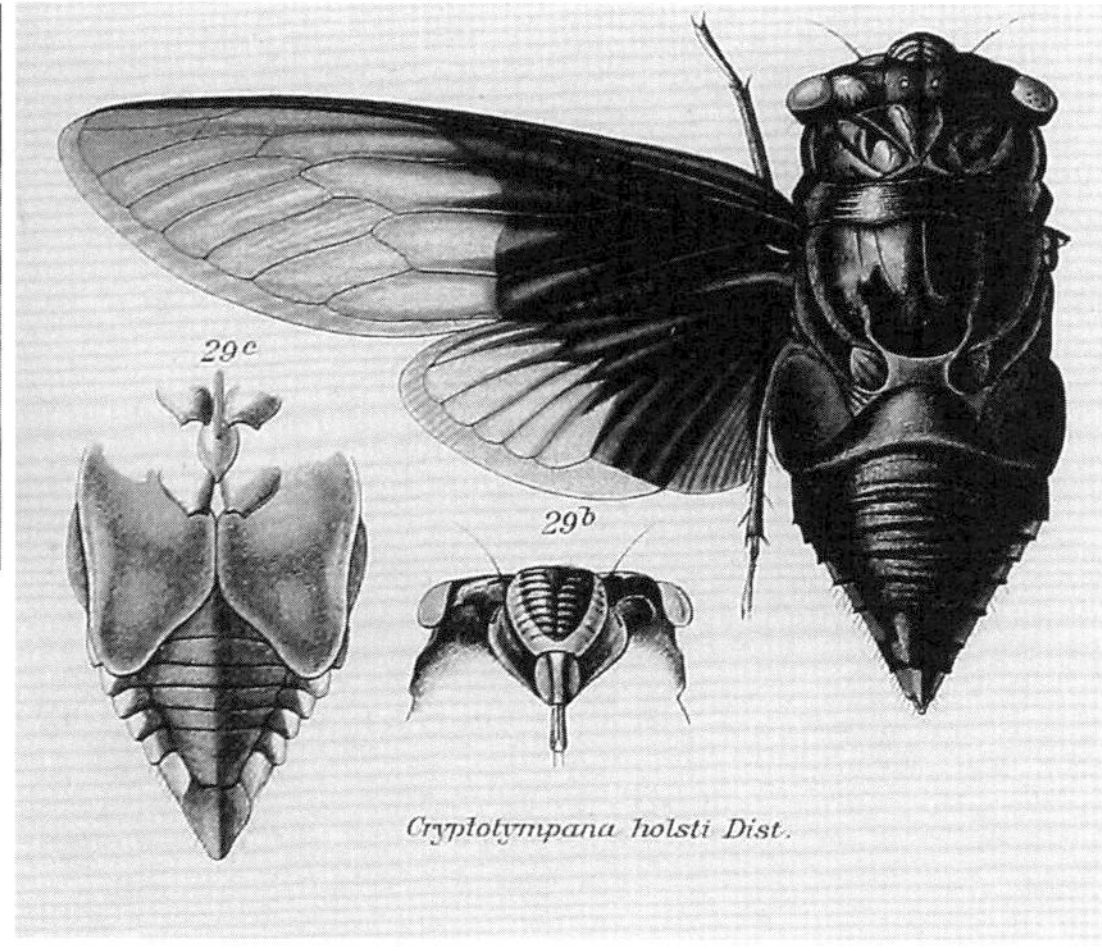

図▶日本特産種のクマゼミ(左)と台湾産のクマゼミ属。

図▶セミ人間(右)とガラモン。

記はディアトリマ）を蘇らせて操っていたのである。[*] まこと、昆虫型エイリアンは、ちょっと一筋縄ではゆかないということらしい。

＊——これまでディアトリマは肉食性の凶暴な鳥であったと考えられてきたが、本当は果実食だったのではないかという仮説も最近問われている。

6——バルタン星人［生態学的地位への脅威］

「あぁ、あれは隕石なんかじゃありませんでした。ただの軽石でした。アッハッハッハ……」

『ウルトラマン』第二話「侵略者を撃て」より

ウルトラ・シリーズの全てを通じて、バルタン星人以上に人気のある宇宙人はなかなかいないだろう。この宇宙人は、ウルトラマンの必殺技、「スペシウム光線」を世に知らしめたことでも記憶されるべき宇宙人である。「火星に移住できないので地球に来た」というバルタン星人は、実は、火星に豊富に存在するという（知らないが）「スペシウム」なる元素が大の苦手なのだという。

バルタン星人は、セミ人間（チルソニア遊星人）に酷似するが、頭部に突起と上肢先端に指ではなく、大きなハサミを持つ。このハサミは甲殻類（エビやカニの仲間）に特徴的なもので、昆虫には現れない。したがって、バルタン星人はいわば「キメラ的なボディプランを持つエイリアン」だということになる。

すでに別のところでも考察したが、チルソニア遊星人と同様、バルタン星人もチルソナイト製の同型宇宙船を使用しており、両者の進化的類似性や文明の共有度は明らかである。本来、バルタン星人は（おそらくチルソニア遊星とは別の）母星を持っていたが、ある発狂した科学者が星を壊滅させてしまい、命拾いした二〇億三〇〇〇万人のバルタン星人がバクテリアサイズとなって宇宙船に乗り込み、新たな居住地を求めて宇宙を彷徨っていたというのである。

思えば、バルタン星人は、人間に対立するべき異星人として、ある意味理想的なフォルムを有していると言えるかもしれない。セミ人間が密かに地球に潜入するスパイであるとするなら、バルタン星人の存在はより明示的である。それは、直立二足歩行型のエイリアンであるという一点を除き、あらゆる点で人間、もしくはウルトラマンと対立する形態学的要素を示している。それは、節足動物としての分節的体制であり、外骨格であり、複眼であり、ハサミのついた腕であり、そしてストロー状の口器である。このような対立する形態要素の数々が、人間とは相容れない、いわば絶望的な関係を暗示している。つまり、バルタン星人が居住するなら、地球に人間の居場所はなくなり、人間が住み続ける限り、バルタン星人に移住の見込みはない。同じ一つの生態学的地位（ニッチ）を分割共有することは不可能なのだ。ハヤタ隊員は彼らに対し、「地球人の文化や法律に従い、共存するなら移住も可能だ」というが、それは本来的に無理な相談だったのである。

しかし、である。人間とバルタン星人の二者択一を迫られた場合、地球の生態系はどちらを選ぶのだろうか。というのも、地球のとりわけ陸地において、優勢な動物群は脊椎動物か、さもなければ昆虫なのだ。バイオマス、すなわち生物の重量の合計から見た場合、地球において最も優勢なのはバクテリアや線虫の類である。しかも、バクテリアは地球の生命の歴史において、ずっと首位を保ってきた。しかし、ミクロサイズの生物ではなく、巨視的なレベル（この文脈では、多くの昆虫は充分に大きな生物だと言える）の動物相においては、古生代以来脊椎動物と昆虫がこの地上においてメジャーな存在となっており、とりわけ昆虫の存在はこの生態系の維持にとって不可欠であるという。いかに大型であっても、脊椎動物の存在は生態系の維持にとってさほど重要ではないというのが、現在の生態学者に共通する見解だ。ならば、バルタン星人が節足動物の一種としてこの地球に君臨することも、さほど不自然なことではなくなる。そして、地球の未来にとってはその方がむしろ望ましいのかもしれない。いずれにせよ、バルタン星人は、地球の生態学的文脈において我々自身のアンチテーゼなのだ。宇宙怪獣レギオン（『ガメラ2 レギオン襲来』）の来襲と同様、バルタン星人の存在は人類にとって迷う余地のない殲滅の対象であり、その意味で理想的な「敵」なのである。それが、バルタン星人のフォルムを、ほかのどの異星人よりも美しく、また、魅力的に見せているのであろう。

ところで、今回あらためて『ウルトラマン』第二話、「侵略者を撃て」を見直してみたのだが、ちょっと妙なことに気がついた。ドラマの冒頭でイデ隊員が、科特隊本部にかかってきた問い合わせの電話に対し、「あぁ、あれは隕石なんかじゃありませんでした。ただの軽石でした。アッハッハッハ」と答える、実に何気ない台詞がある。もちろん、ドラマ本編とは全く関わらない。これまで全く気にしたことがなかったのだが、これはひょっとして「今回の事件は似ているようでもあの（少年たちが軽石のように軽い隕石を拾うところから話が始まる）『ガラダマ』ではありませんよ」、「あの宇宙人もセミ人間とは違いますよ」という一種のイントロだったのではあるまいか。考えすぎか……。いやいや、それはむしろ伏線だったのか。バルタン星人を撃退して安心していたら、どこかでガラモンが動き出していた、という続編が考えられていた可能性はないのか……。うーん……。

7——ギャンゴとガヴァドン［形態形成の因果論と目的論］

「私がいつも、欲しい、欲しい、欲しいと思っていた……」

『ウルトラマン』第一一話「宇宙から来た暴れん坊」より

「なぜギャンゴが？」と思われる読者も多いだろうが、あれもまた「宇宙からやってきた何か」であるには違いない。しかもそれは人間の意志を読み取り、何でも望むものに変身する能力を備えている（らしい）。何しろ、あなたにとっての理想のお嫁さんや会社の上司にだってなれるのだ。ここでは、その生物学的機能について議論するのは控えておこう。ギャンゴはむしろ、寓話的存在だ。あるいは、宇宙論的存在だ。その生物学的仕組みをあれこれ想像しても、あまり得るものはないような気がする。

ある日、少年科特隊員のホシノ君とその友だちが空き地で遊んでいると、空から何かが光りながら落ちて来るのが見えた。探し出してみると、それはただの風変わりな「石」。ホシノ君が、「なぁーんだ。レーシングカーだったらよかったのに」と言って立ち去ろうとすると、その石は本当にレーシングカーになってしまった。次に女の子が「私はピアノがいい」というと、それはピアノになってしまうのだった。この石は二メートル以内にいる人間の願望を読み取り、その通りの姿に変化する能力を持っていたのだ。これに目をつけた悪人が、その不思議な石を巨大な怪獣、つまり「ギャンゴ」に変え、街を破壊し始めるというお話である。

さて、このような無茶苦茶な現象を目にした我々は、それを科学的にどのように納得すべきなのだろうか。一つの石が瞬時にピアノに変化したり、巨大な怪獣になったりするとしたら、それは確かに無茶な話だ。この石はまるで、通常の物理法則を徹底的に無視しているではないか。そもそも質量保存則が守られていないし、生物学的にはもっと無理なことをやっている。ということは、「この石が何かになる」とは考えないほうがいいのかもしれない。

ならばそれは、ある種の宇宙論的現象なのだろうか。つまり、一種の「観測問題」というヤツか。というのも、あまたある怪獣の中で、ことギャンゴに限っては「実在論的多宇宙論」とか、量子力学における、いわゆる「多世界解釈」がテーマとなった話であるようにも思えてくるのだ。ようするに、この巨視的な宇宙も所詮は観察者をも含めた系が、量子力学的な確率の近似として成立しているにすぎず、潜在的可能性としては、この世界では時々とんでもないことが起こってしまっても仕方がない、そう考えないとギャンゴの出現が納得できないということなのだ。ギャンゴがどれほど無茶苦茶な存在であるとしても、それは決して不可能ではない確率的帰結の一つにすぎないのだと……。

ようするにこの事件はいわば、「ある日、空から何かが落ちてきました。あなたは、それが何であって欲しいと考えますか」というアンケートに対するありとあらゆる回答が、次から次へとそのまま生起している現象のようにも見えるのである。それは、シュレーディンガーの猫が生きていたと思ったら、その翌日にはそれが死んだことになってしまっていたというような、世界の歴史が日に日に書き換わってゆくような妙な現象にも喩えられよう。言い方を変えると、我々観測者の存在が次から次へと、別の珍しい可能性が実現する別のパラレル・ワールドに「転移」しているかのようにも思える。ということは、あの石はある種の宇宙転移装置だったのか（そんなものがありうるかどうかは不明だが）。というか、そもそも物理的に干渉できないからこその多世界なのだが……。

これとちょっと似た話が、たとえばトニー・たけざき作の漫画、『岸和田博士の科学的愛情』（講談社『月刊アフタヌーン』1992–1998）に出てきたことがあった。このマンガの最終巻に登場する「スイッチ・ルーム」というのがそれだ。岸和田博士の言によればそれは、「あんなコトにもこんなコトにも、あらゆる事態に対応できる究極的発明」であり、その部屋にある膨大な数のスイッチそれぞれが、この広大な宇宙全体に広がる因果ネットワークのどこかをわずかずつ変化させ、特定の帰結を確実に、意のままに生起させるものなのである（らしい）。いうなれば「身勝手極まりない運命制御装置」である。これを使えば、最終戦争も地球の滅亡も回避できるというのである。

このような発明は、たけざき氏本人も作品の中で認めるように、「風が吹けば確実に桶屋が儲かる」という、「一〇〇％予想可能なまでに充分キャナライズ（安定化）された因果連鎖」が成立しているような物理世界で初めて可能になる。いうなれば、歯車ででき上がった目覚まし時計を信頼し、安心して眠りにつけるのと同じレベルであらゆる未来の現象を予測できるような、そんなありえない「機械仕掛けの世界」の話だ。

むろん実際の世界はかなり予想不可能だ。我々は、様々なありふれた帰結が雑多に散乱する「揺らぎに充ちた複雑な系としての普通の確率論的世界」に住んでおり、この当たり前の世界においては通常、「因果の調節」などという器用な真似はできない（それを局所的にあえて可能にするために、人間はわざわざ「機械仕掛け」にするのである。世界をそのまま機械仕掛けになぞらえてはいけないのである）。だから単に「可能性の一つだから」といって、いま、風を吹かせて特定的に桶屋だけを儲けさせたり、チョウチョを数匹飛ばして十日後に確実に南米のどこかに台風を起こすような真似はできない。むろん、「絶対にない」とは言えない。が、普通は「できない」と言ってまず間違いはない。ところが、この博士にはそれができてしまう。普通、人は雑多で予測不可能な運命に翻弄されるだけだが、自分で運命を「確実に調節する」のがこの博士の天才たるところなのである。天才だから仕方ないのである。まぁともかくこの発明が、本来的意味における「究極の発明」であることだけは確かである。

さて、話をギャンゴに戻そう。ある日、空き地の真ん中に白いグランドピアノがあったとしても、それは不可能でも何でもない。それが宙に浮いていれば不可解だろうが、ちゃんと地面の上に落ち着いていれば、とりあえず驚くほどのことではない。物理学的にも不都合はない。それは、誰かがさっき持ってきたのかもしれないし、誰かがここで組み立てたのかもしれない。さりとて、それは通常期待できることではないし、常識的にも理解できない。ここはただの空き地だ。ピアノはバッタとは違うのだ。というわけで、この現象は普通ありえないことなのだがしかし、いまここにそれがある限りは、このピアノが巡り巡ってこの空き地にやってきたという特殊な「因果的経緯」が、いまあなたが存在しているこの宇宙の過去に確かに生じたはずだということは想像できる。そして、そんな因果がめったに起こらないことだからこそ、とりあえずピアノを見て人は意外に思うのである。

この宇宙には常に様々なことが起こっているが、大抵はありそうなことがあるべくして起こるだけである。原子レベル、分子レベルでもそれは同じことであり、それによって熱力学第二法則が成立する。エントロピーは常に増大するのだ。かくしてこの世は、因果の連鎖で構成されていると同時に、ありきたりの雑多な事象で満ちている。我々が生きているのはそんな普通の世界だ。しかしそれでも、たまには珍しいことが起こる。その珍しさにも色々なレベルがあるだろうが、「空き地の真ん中にピッカピカのピアノ」というのはかなり珍しい部類に入るだろう。そして、それはありとあらゆる事象を含んだ宇宙の運動様態の一つとして、決して「不可能」ではないのだ。普通それが起こらない（空き地でピアノに出会えない）のは、物理学者、ヒュー・エヴェレットの「多世界解釈」によれば、「その帰結に至る因果が実際に生じている特定の世界が極めて稀で、しかもそこにいま自分が属していないから」だ。物理学者の言う「コペンハーゲン解釈」に従えば、「あなたがその空き地に到着するまでの間、ピアノは存在と非存在をめまぐるしく繰り返しており、あなたがそれを目撃することによってようやく結果が一つに収束するのだが、確率論的に起こりやすいのは、ピアノなどないという結果の方だ」ということになる。私としては、SF的な多世界解釈の方がより好みだ。[*] いずれにせよ、その「特殊な因果が生起している多世界の一つ、パラレル・ワールドに移動する」と言うことと、岸和田博士のするように、この世界に留まったまま「その特殊な帰結に至るべく過去の因果を特定的に調節すること」とは現象としては同義なのである。

＊——多世界の実在証明については、須藤靖著『不自然な宇宙——宇宙はひとつだけなのか？』を参照のこと。とりわけ、「量子自殺」なる実験によるその証明方法の話は、並のＳＦよりもはるかに興味深く面白い。この実験と多少とも関係するかもしれないフィクションとして、映画『プレステージ』(2007)は、世界に生き続ける「自己」とはどういうことかを問いかけた、ある意味ＳＦ映画として見るべき良作。ここには、実在した発明家、ニコラ・テスラも登場する。

かくして、怪獣ギャンゴはこの世に生起する可能性のある、ごく稀な事象の一つがたまたま実際に生起したものにすぎない。そのような「稀な事象の一つが生じている珍しい因果の世界、多世界の特定の一つ、に我々を引き込んだものの正体こそ、あの石だ」というわけなのだ。こうしてみると「いま、ここにギャンゴがいて、街を破壊している」こと、それ自体は物理学的に不可能ではない。「ウルトラマンと科特隊がともにいるようなドラマ世界においては、ごくありふれた日常的な事件の一つにすぎない」と言ってしまってもいいだろう。不思議なのは、それが次から次へと立て続けに起こることであり、多くある様々な宇宙の一つから次へと、間断なく移ってゆくようなのである。どうやらそれこそが、「石の能力」なのだ。天才・岸和田博士であれば、宇宙から来た石などなくても、自分の発明だけでもってギャンゴをいまここに現出させてしまうことであろう。

さて、ウルトラマンが石を宇宙に捨ててきたことによって、事件は一応の解決を見た。我々は普通の宇宙に戻ってきてしまったらしい。しかし、私はそれで本当に話が終わったのかどうか、少し疑問に思っている。というのも、これと似た事象がそののち地球を襲うからだ。スカイドンが空から落ちてきたのである（後述）。これは、怪獣の登場の仕方としてかなり珍しい現象といわねばならない。ならば、これが「あの石」を手にした何者かの悪戯のなせる技ではなかったと、いったい誰が言うことができるだろう。

さて、お次はガヴァドンだ。

「怪獣ガヴァドン」は、「ムシバ」というあだ名の少年が空き地の土管に描いた落書きに、ある晩特殊な宇宙線が作用し、実体化したものだ。この宇宙線には、二次元のものを三次元の実体に変換してしまう能力があるという。より正確にいうと、「その宇宙線に含まれる特殊放射線に太陽光線が作用すると、二次元のものが三次元になり、そこに命が吹き込まれる」ということだそうだ。なるほど。で、最初の単純な落書きが実態化したものが「ガヴァドンA」、それにムシバたちが手を入れてより怪獣らしくしたものが「ガヴァドンB」である。「ガヴァドンA」の格好が簡単にすぎ、昼間から寝てばかりいるので、子供達が祈りを込めて怪獣らしく加筆・テコ入れしたのである。なぜこれを地球外生命体とみなして考察するかといえば、それを怪獣にした要因がほかならぬ宇宙線にあるからだ（ちなみに、『ウルトラマン落語』では、柳家柳太朗がこの話を落語にしている）。

科学的には、ギャンゴなどよりもこのガヴァドンの方が、数段解釈が難しい。まずもって、「二次元を三次元にする」というのがわからない。3Dプリンターを動かそうと思ったら三次元データを与えてやらねばならず、二次元データを勝手に解釈して三次元にしてくれるような都合のよい装置などこの世にはない。それでも「二次元データをどうにかして三次元にしたい」というのであれば、たとえば、「円は球に、正方形は立方体に」という単純なルールを作り、アバウトな三次元パターンをでっち上げるのがいいかもしれない。あるいは、同じ絵を二枚貼り合わせ、中に空気を吹き込んでやればとりあえずは「立体化」させることはできる。しかし、そんなものではとても怪獣として動くことなどできないし、ムシバ達も納得しないだろう。この放射線は、たかが放射線の分際で、「人が描いた絵を見ただけで、人間的経験に根ざした三次元パターンを持つ巨大生物を類推する」ことができるような、極めてサーヴィスの行き届いた機能を持っていなければならないのだ。そんな宇宙線こそが、子供の夢なのである。これはつまり、お子様のための夢の物語なのだ……。

などというレベルのほんわかした話で済むと思ったら大間違いだ。子供は決して、そんなおとぎ話では満足しない。実際、このエピソードを原体験で見ていた私自身、「何で怪獣の右側だけしか描いてないのに、反対側まで立体化できたのだろう」と真剣に悩んでいたのだから。おそらく最も自然な解釈は、あれが単なる自然現象などではなく、地球を征服しにやってきた宇宙人が、子供の落書きを参考に毎晩徹夜して巨大な怪獣を合成し、翌日にそれを地上に送りつけていたところへ、突然無粋なウルトラマンがやってきてガヴァドンを宇宙に放り投げてしまったものだから、宇宙人は慌てて逃げ出した。で、結局誰もそれに気がつかなかった、ということなのだ。

「そんな解釈ではつまらない」と思われるかもしれないが、「二次元を三次元にする」こと自体が、単なるデータの変換でできることではなく、とりもなおさずそれは「観念の変換」にほかならず、それが、生物学的存在としての「怪獣」の姿を具体的にイメージする知的能力なくしてはありえない以上、つまらないことにしかならないのである。たかが宇宙線に、怪獣作出能力を期待する方が間違っているのだ。つまるところ問題は、「二次元を三次元にする」という操作にまつわる「馬鹿でかい自由度の大きさ」と、それを何とかするに足る「知性」なのだ。単なる画像解析などではないのだ。それはたとえば、「ネッカー・キューブ」(図)のような図形の解釈一つを考えればよくわかる。このような二次元パターンを三次元図形に置き換えるための有機的視覚能力とは、何らかの進化と学習によって成立した「知性を伴う機能」にほかならない。[*] 我々のいう視覚とは、この世の常識的な成り立ちやさまざまなメッセージと、それに基づいた推測によって成り立っている「高次の世界情報」のことであり、単にスクリーンに投影されたピクセルの集合ではないのだ。

*――それについては、たとえば、ラマチャンドラン＆ブレイクスリー著『脳の中の幽霊』(角川書店 1999)の一読をお勧めする。

それはつまり、こういうことだ。ここに、一つの二次元図形があったとしよう。これは二次元の図形なのだから、ある意味「影」のようなものと考えてよい。そしてここで、そのパターンに投影されるべき、もとの三次元立体を考えようというわけだ。ちょっと考えればわかると思うが、その条件を満たす可能な立体の形はそれこそ無限にある。ガヴァドンについてのその可能性の全ては、宇宙全体をあっという間に埋め尽くしてしまうだろう。いや、それでもまだ足らないだろう。それを生物として最も自然な形に絞り込ませるのが、何らかの生物学的クォリティを把握した「知性によるバイアス」なのである。いわばそれは、経験に根ざした特殊技能なのである。それなくして、ガヴァドンは決して立体化できないのだ。「観念」の介在するところ、そこには「知性」がなければならない。さもなければ、複雑高度な変換規則(ここではそれを、科学的経験と呼ぼう)など決してできはしない。ならば、そこには知的生物がいなければならない、というわけだ。

ならば、「二次元を三次元にする」ことは、「人工知能＝AI」だったらできるだろうか。おそらくできるだろう。基本的に「人間にできるたいていのことは、AIにもできる」のだ。明確な変換ルールに特定できるという保証さえあれば、何でもできる。その変換ルールをここでは「動物形態学」というのである。人体解剖図を眺め、人体の三次元的な内部構造を把握するような技能が、いままさに求められているわけだ。怪獣を含めた動物の機能的形態、器官系の成り立ちやバイオメカニクスに関するあらゆる情報を経験的に習得(ディープラーニング)したAIならば、外見を一瞥しただけで、それがどのような内部構造を持った生物で「あるべき」なのか、「ありがち」なのか、どんな解剖学的パターンが地球に棲む生物として自然なのか、どのような素材でそれを組み立てるべきなのか、おおよその設計図を描くことは可能のはずだ。それがどのように優れた技のように見えても、どんなに奇跡のように思えても、それを習得した人間が一人でもいる限り、それはあくまで一定のプロセスでもって進化、あるいは習得可能な「知能の一様態」にすぎない。というわけで、その程度のことなら機械にだってできるのである。

ただし、こんなAＩのやらかすことを通常の意味で「自然現象」と呼ぶことはできない。進化に似たプロセスで成立した「知恵」がそこにある以上、それはすでに「意図」に近い性質を備えている「不自然でバイアスのかかった現象」と見るべきなのである。そして、一見何の根拠もなくガヴァドンに無条件に与えられているように見えるのが、この「意図」なのだ。それが、童話に登場するありとあらゆる「魔法使い」が備えていてしかるべき、あからさまなサービス精神というヤツなのだ。言い換えるなら、それがAＩにしろ、有機的宇宙人にしろ、何らかの知性体の存在なくして、ガヴァドンは不可能だったはずなのである。

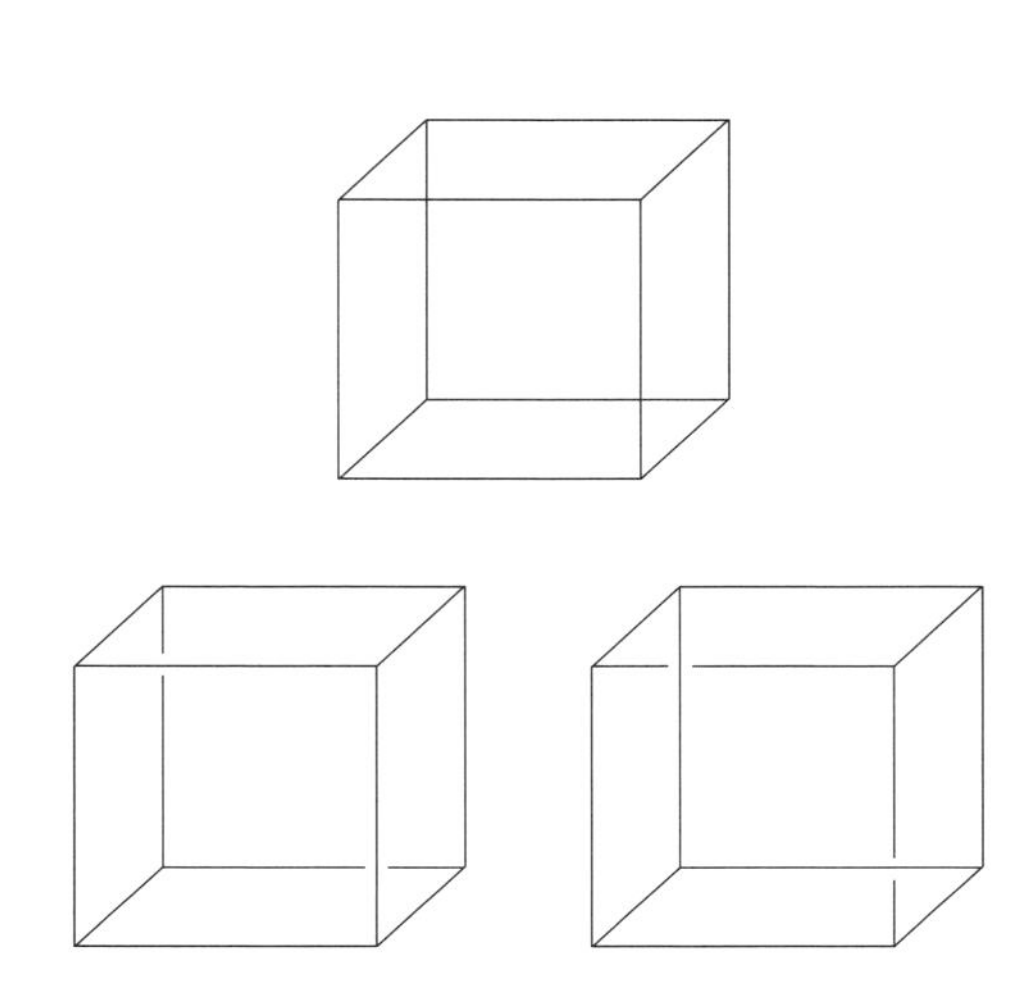

図▶ネッカーキューブ。錯視の立方体。上に示した1つの同じ二次元的図形でも、人間は異なった立方体（下の2つ）を頭の中で作り出してしまう。

付論3

「トリフィド」の栄光

「宇宙線の影響で怪物化した生物」を宇宙生物扱いするのであれば、だいぶ状況は違うが、「トリフィド」もその部類に入るかもしれない。これは、ジョン・ウィンダム作の有名なSF小説、『トリフィド時代 *The Day of the Triffids*』(1951)に登場した、地球生まれの「歩く植物」だ。この小説は、『人類SOS!』(1962)の邦題で映画化もされている。なかなかよくできた映画なので、オススメだ。ある夜、珍しい流星雨が地球に降り注ぎ、その天体ショーを多くの人間が目撃した。ところが、その特殊な光は何と人の視力を奪う有害な作用を持っていた。結果として、多くの人が視覚を失うが、話はそれで終わらなかった。いや、それは真の惨劇の序章にしかすぎなかった。それまで「家畜」として栽培されていた歩行性の肉食植物「トリフィド」が脱走し、突如人間を襲う怪物集団となってしまったのである。動きの鈍い彼らはそれまで人間にとって何の脅威でもなかったのだが、人間が視力を失ったために、一挙立場が逆転してしまうのである(確かにこれを「宇宙怪獣」というのはこじつけめいている)。

*——「The Day of the Triffids」の「Day」とは、「Make my day」、「You had your day」というときの「day」と同じく、「恵まれて強気でいられる栄光の時代」という意味。したがって原作のタイトルは、人類が無力になることでようやく「トリフィドも陽の目を見た」というぐらいの意味になる。

植物をモデルにした怪獣はほかにも多いが、「宇宙から来たもの」というと、何と言っても『ウルトラセブン』第二話「緑の恐怖」に登場したワイアール星人にとどめを刺すであろう。ここで注目すべきは、ワイアール星人が用いている金属が、セミ人間（チルソニア遊星人）の用いる「チルソナイト」と同じか、あるいはその改良バージョンを覚しき「チルソナイト808」だったということであり、さらにそれは、バルタン星人も用いていた公算が強い。たぶん、彼らはみな同盟を組んでいるのだろう。また、トリフィドに似た「地球生まれの歩く植物」となると、『ウルトラマン』第三一話「来たのは誰だ」に登場した「ケロニア」ということになろうか。彼らは南米に生息していた歩行性植物が異常に知能を発達させたもので、したがって地球生まれということになるが、科学特捜隊日本支部を襲撃したときには、彼らの乗る円盤の編隊が飛来した。人類に敵対するスタンスとしては、宇宙知的生物と同等のものと考えてあながち的外れではない。スペシウム光線が効かず、ウルトラマンも苦戦したが、その反面、体が可燃性で、火に滅法弱いというのは彼らの意外な側面であった。

8——スカイドンとシーボーズ［落ちてきたもの］

雨の日に、空から傘が降ってくればよいのに

『ウルトラマン』第三四話「空の贈り物」より

「スカイドン」と「シーボーズ」をここで扱うのは、両者がともに「空から落ちてきた」からにほかならず、便宜上宇宙生物の可能性を認めているにすぎない。それ以上でも以下でもない。だから特に言うことはない。が、まず「スカイドン」の名称について。

接尾辞に「ドン」を用いるのは昭和怪獣の習いで、ほかにも「ラドン」とか、「テレスドン」とか、「ゴルドン」とか、「パンドン」などが数えられる。もともと、古生物に対して「プテラノドン」とか「イグアノドン」とかの名称が与えられていたことに由来するのだろう。ただし、「―オドン」はギリシャ語で「歯」を意味し、したがって「イグアノドン」は「イグアナのような歯」ということになる。歯は化石として残りやすく、とりわけ歯の形状が多様化した哺乳類の化石では、歯の形質が非常に大きな意味を持つ、そういった背景があるわけだ。「奇獣」として有名な化石哺乳類「デスモスチルス」（束柱類）に至っては、「―オドン」こそつかないものの、この学名自体が「柱を束ねたもの」を意味し、この動物の

珍しい歯の形態を目一杯表現したものとなっている。同様に、「プテラノドン」は「歯を持たない翼」を意味する。この場合の「―アノドン」は、「歯がない」という意味になる。

とすると、いま生きている怪獣に「ドン」がつくのは少々的外れなのだが、それ以上の問題は「テレスドン」の「テレス」、「ゴルドン」の「ゴルド」というのがどうやらそれぞれ「地面」、「金」を表現する英語から来ているらしいということで、こと怪獣名に関してはそれを学名だと思ってはいけないようなのだ。となると「スカイドン」はひょっとして、「空（スカイ）」から「どぉーん！」と落ちてきたということを意味するのだろうか。たぶんそうだろう。いま、あらためて考えてみると、どうもそうとしか考えられない。そうだ、どんどんそんな気になってきた。あのエピソードでは、ハヤタ隊員がベータカプセルとカレーのスプーンを間違えるところが面白いと思っていたが、一番傑作なのは怪獣の名前だったらしい。ちなみに「パンドン」に至ってはもうわけがわからない。しかし、見るからに「パンドン」という感じではある（六〇年代当時のことだから、撮影現場の誰かが「ドンパン節」を歌っていたという可能性もある）。ひょっとしたら「これって、パンドンって感じしない？　それでいく？」という具合に決まってしまったのかもしれない。うんうん、そんな気がしてきた。終わり。

さて、問題はシーボーズである（しばしば「シーボース」とも呼ばれることがある）。死んで骨になった以上、名前に「ドン」をつけるべき怪獣の筆頭であるにもかかわらず（「ホネホネドン」みたいに）、どういうわけか「シーボーズ」である。まさか、「死亡す」から来ているのではあるまいが……（どうも、そんな気がしてきた）。

これは、果たして「ウルトラ怪獣」と呼んでよいのだろうか。あるいは、「一頭の怪獣」というように数えてもいいのだろうか。というのも、この怪獣、キャラが全く立たない、抽象化され、理想化されたイコンのように見えるからだ。などというと、「いやいや、骨だけでできた亡霊怪獣というだけで、充分キャラ立ちしているではないか」と言われるかもしれない。たしかにその通りである。が、こいつが生きていたときはどうだったのだろう。小学二年生の私は、それが気になって気になって仕方なかったものである。

怪獣というものは、たいていどこかに明瞭な特徴というかポイントを持っていて、それによって怪獣の由来や正体がわかるようになっている。バルタン星人のハサミとか、タッコングの丸い体とか、レッドキングの凶悪で小さな頭部などがそういったものだ。しかし、シーボーズにはそれが全くない。まるで何か、ごくごく目立たない獣脚類恐竜の昔の復元図のようなものを彷彿とさせる。たとえば、レイ・ハリーハウゼンの『原始怪獣現わる』(1953)の「リドサウルス」とか、『恐竜グワンジ』(1969)の「グワンジ」が「生きていたときのシーボーズの正体だよ」などと言われれば、子供の頃の私はそのまま信じてしまったかもしれない。見ようによっては、それぐらい特徴のない怪獣なのである。だからこそ、「理想化され、抽象化された怪獣」と呼ぶのである。

どうやら、シーボーズの特徴はやはり「全身骨でできていること」だけらしい。もう、そういうしかないだろう。死んだあとの状態それ自体を明確な「記号」として担うこの怪獣はしたがって、骨であることによって自らたりえている。死んで骨になったことそれ自体が、彼のアイデンティティなのだ。と同時に、まさにそのことによって自分以外の怪獣の代理人たりえている。この怪獣だって生きていた頃、ちょっとくらいは何か「技」のようなものを持っていたかもしれないが、いまとなってはわからない。いや、そんなことはもはやどうでもいい。邪魔なだけだ。自分自身の特徴のなさの故に、シーボーズはほかのありとあらゆる怪獣達の無念を一身に引き受けることに成功しているのである。それが彼のよって立つ瀬なのである。

逆に、何か明瞭な特徴のようなものを身に纏っていたら、それは「ほかの怪獣とは関係のない自分自身」という独特の存在になってしまっていたことだろう。シーボーズはしたがって、「誰でもないことによって、ほかの誰にでもなれる」ことを実現させ、それによってステレオタイプ化された怪獣のイコンをしょって立つ、いわば「ゼロ記号としてのピュアな怪獣性そのもの」といえるのである（「個性を持たないことによって人一倍の個性を得る」ことの典型例については、岬兄悟＆大原まり子編『SFバカ本・たわし編プラス』所収、村田基作「個性化教育モデル校」を一読されたい）。

ちなみに余談になるが、このエピソードでは「ペギラが来た！」で南極初の女性越冬隊員にして野村隊員の婚約者、久原陽子を演じていた田村奈巳が、ちょっとワケありで危ない感じのする女性研究者を演じていて（彼女はたしかに研究者がよく似合う）、その鬼気迫った演技が何とも素晴らしかった。こんな役もこなせる女優さんだったのだ。彼女の演技は、下手するとただのお笑いになりかねなかった「怪獣墓場」に、バランスの取れた独特の緊張感をもたらす見事なものであった。

9——クール星人［宇宙人における「頭部」の問題］

「人類なんて、我々から見れば昆虫のようなものだ」

『ウルトラセブン』第一話「姿なき挑戦者」より

ここからは、『ウルトラセブン』に登場したエイリアンをいくつか考察する。まず、第一話「姿なき挑戦者」に登場したエイリアン、クール星人から。

クール星人も節足動物（昆虫）型のエイリアンである。そして何を隠そう、そのデザインモチーフは昆虫の「シラミ」である。おそらくすでに気がついておられる読者も多いだろう。しかも、シラミの中でもことのほかケモノジラミ *Haematopius spp.* やケジラミ *Pthirus pubis* に酷似しているため、子を持つ親の身としては少々当惑してしまうのだが、まぁ、それを見ている子供たちには全く縁がない動物なので、ことさら気にする必要はないのかもしれない。いずれにせよ、この昆虫の特徴はとりわけ、体毛をしっかりと掴むのに適した鉤爪の形態によく現れており、それがクール星人の「腕」の形状そのものなのである。ただし、クール星人はケジラミそのものなのではなく、それを上下逆さまにして（つまり、昆虫の腹部に相当する部分を頭部にして）デザインされている。が、あとで考察するように、それ

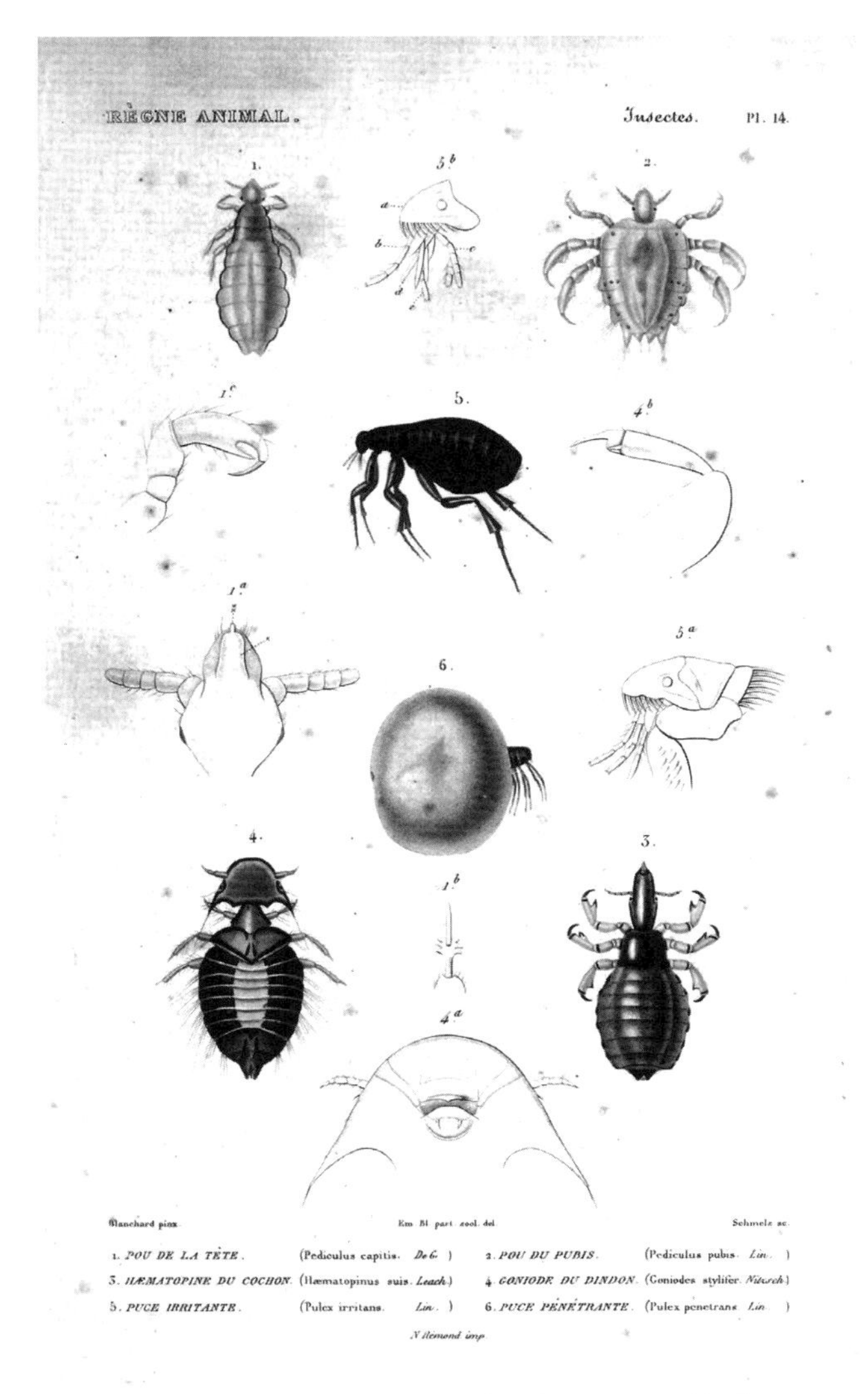

図▶19世紀の博物図鑑に描かれたケジラミ(右上)とケモノジラミ(右下)。

に騙されてはいけないのかもしれない。

実際のシラミを観察すると、脳を収めるその頭部は極めて微小で、一方で繁殖のための栄養を蓄える腹部は大きい。これを逆にすると、いかにも知能の高そうなエイリアンに見えてくるから面白い。『ウルトラセブン』には、これと同じように大きな頭部を持つエイリアンがほかにもいくつか登場する。チブル星人やビラ星人、ガッツ星人などがそれだ。みな、かなり頭がよさそうだ。とくに、ガッツ星人のセブン暗殺計画には手を焼かされた。人間の心理に戦いを挑んだメトロン星人も、かなり大きな脳を持つ可能性がある。一方で、ブラコ星人も「巨大頭部宇宙人」の範疇に入るのかもしれないが、残念ながらあの大きな膨らみの中には消化器系と糞が詰まっているようにしか見えない。

これに限らず、無脊椎動物の腹部が頭部のように見えるのはよくあることで、たとえば、タコが鉢巻きをしているように描かれるあの膨れた部分も、実は正確には「腹部」である（それに従えば、タコをモチーフに描かれた宇宙人（たとえば、H・G・ウェルズの火星人）も、その「頭部」に内臓諸器官を含まねばならないことになる）。昔の日本では、「蛸の糞で頭に上がる」という言い回しがあったようで、これは「タコのように頭が大きくても、その中には糞が詰まっている」、つまりは、自分で勝手に思い上がっているということを揶揄した表現だったらしいのだが、これもやはりタコの腹部を頭部と誤認したことに由来している。

また、自分の尻や尻尾の部分に頭部を自己擬態していることで知られるある種のヤモリや、シジミチョウの類が知られる。こういったシジミチョウは後翅にいわゆる尾状突起と、その基部に目玉模様、つまり眼状紋を発達させているが、これら両者では複眼と触角を作り出し、しかもそれを上手く動かすので、余程気をつけて見ないと本物の頭部がそこにあるように勘違いしてしまうのだ。捕食者は頭部を狙うのが常なので、彼らは間違って尻を攻撃してしまい、シジミチョウは首尾よく命拾いするという仕掛けになっているのである。かくいう私も、このトリックにまんまと騙されたことがある。といったように、動物の解剖学的体制、つまりボディプランや、それが作り出す迷彩の仕組みは、実に意外性に満ちている。

いずれにせよ、クール星人が「人類なんて、我々から見れば昆虫のようなものだ」というのだから笑ってしまう。そんな彼らのスタンスは、『スターシップ・トゥルーパーズ』(1997)のバグスのそれと似ている。クール星人の頭部のように見えている部分も、ひょっとしたら本物のシラミやタコと同様、消化管が詰まっているだけなのかもしれないのだ(しかし、眼球や口の位置を考慮するとやはり、脳があると考えるべきなのかもしれない)。あるいは、いつも人類を見上げるしかない昆虫が逆立ちをして、無理矢理見下しているつもりになっているというわけか。先に挙げたように、昆虫には体表に擬態のための紋様を作り出しているものが多いが、威嚇のための眼状紋もその一種だと言われている。同心円状の紋様を作り出すことはそれほど困難なことではない。とすると、口のように見えていた開口部は、口ではなく肛門だったという可能性も浮上するが……(後述)。

あらためて確認してみたのだが、セブンのアイスラッガーで切断されたクール星人の「頭部」断面は、どことなく筋肉組織のように見えていた。神経繊維の束があるようには見えない。ひょっとすると、彼らの脳は思いのほか小型なのかもしれない。いずれにしてもこのエイリアン、決して強敵と言うほどのものではなかった。特殊噴霧装置であっさりと見つけられてしまうのだから。

10――ピット星人［宇宙人における「着衣」の問題］

「収穫があったわ。地球人の男性は、可愛い女の子に弱いってことがわかったんだもの。うふふふふ……」

『ウルトラセブン』第三話「湖のひみつ」より。

ピット星人も昆虫型の宇宙人である。しかも、複眼を持ち、その口が上下ではなく左右に開くことからして、節足動物の基本的ボディプランを忠実に守っているということができる（その点、口が上下に開閉するクール星人は、節足動物型宇宙人としてはかなりいい加減な頭部を持っていたといわざるをえない。やはり、あれは頭部ではなく、擬態の一種だったのかもしれない）。高度な形態を有する動物には、多かれ少なかれ「頭部」と認識することのできる部分があり、そこには中枢神経の肥大した「脳」と、種々の感覚器、そして口器が付随する傾向がある。このような頭部が成立する進化傾向を「頭化（セファリゼーション）」と呼ぶ。

頭化の程度は動物ごとにまちまちで、一見単純に見える扁形動物のプラナリアにも、「脳」とか「頭部」と呼べる部分はたしかに存在する。地球の動物でこの傾向を顕著に示すのは、最も高度なレベルにまで進化したと言われることの多い節足動物と脊椎動物であり、軟体動物、環形動物がそれに続く。したがって、地球人と相まみえる知的宇宙人であれば当然、それは明瞭な頭部を有していて然るべきなのである。とはいえ、ピット星人の場合、その知性ももっぱら底意地の悪さと、身勝手さと、根拠のないプライドにのみ用いられているようで、あまり褒められたものではない。実際私は、地球の男を完全に舐めきった風情のこいつらが心底大嫌いだ。

ただし、初めてまともに「服を着て」登場した宇宙人がピット星人であったということはここで特筆すべきかもしれない（セミ人間も服を着ていたように見えるが、あれはスケスケだったので、人間的視点からするとサランラップのようで、あまり服としての機能を持っているようには見えない。また、ゼットン星人が背広を着ていたのは明らかに地球人に化けていたためであり、普段は裸だったのだろう）。これ以降、服を着た（ように見える）宇宙人として、ペガッサ星人、ペダン星人、シャプレー星人、シャドー星人、サロメ星人、フック星人、ゴース星人、ボーグ星人などが続くが、それ以前の宇宙人はみな「裸が基本」だったと覚しい。恥ずかしい。ちなみにボーグ星人の場合、あの外被は着衣というより甲冑とか装甲と呼んだ方が適切かもしれない。その中身と覚しい左幸子似の女性（たぶん地球人に変身しているだけだろうが）は実は私のタイプで、こういう宇宙人になら征服されても構わないと思う。たぶん、私のような人間は地球防衛軍に入隊すべきではないのだろう。

『ウルトラマン』に登場したダダ（彼らも「星人」の接尾辞を持たないが、おそらく彼らは異星人だったと通常は考えられている）が裸だったのかどうか、ちょっと確かめる必要がありそうだ。彼らの姿はやっぱり見ていて何となく恥ずかしいのだ。もちろんケムール人も同様だ。が、彼らはどうせ自分の肉体を捨てる覚悟で地球に来ているので、はなから裸など気にしないのだろう。ザラブ星人やイカルス星人などは、その科学力からしてかなりの知性派のように見受けられるのだが、やはり彼らも裸にしか見えない。

とくに、下半身モロ出しのイカルス星人の恥ずかしさは尋常ではない。人間に変身している時との落差が大きすぎるのだ（後述）。どうやら宇宙では、知能と羞恥心は比例しないらしい。

知能の高さに関してはバルタン星人やビラ星人についても当てはまるが、これら節足動物型宇宙人は体表に外骨格を備えているため、「裸」の意味合いも我々のそれとは相当に異なっているのだろう。また、サイケデリックな服を着ているように見えるペロリンガ星人も、よく見るとやっぱり裸だ。しかし、このふざけた宇宙人に限っては裸かどうかなど、もはやどうでもよ

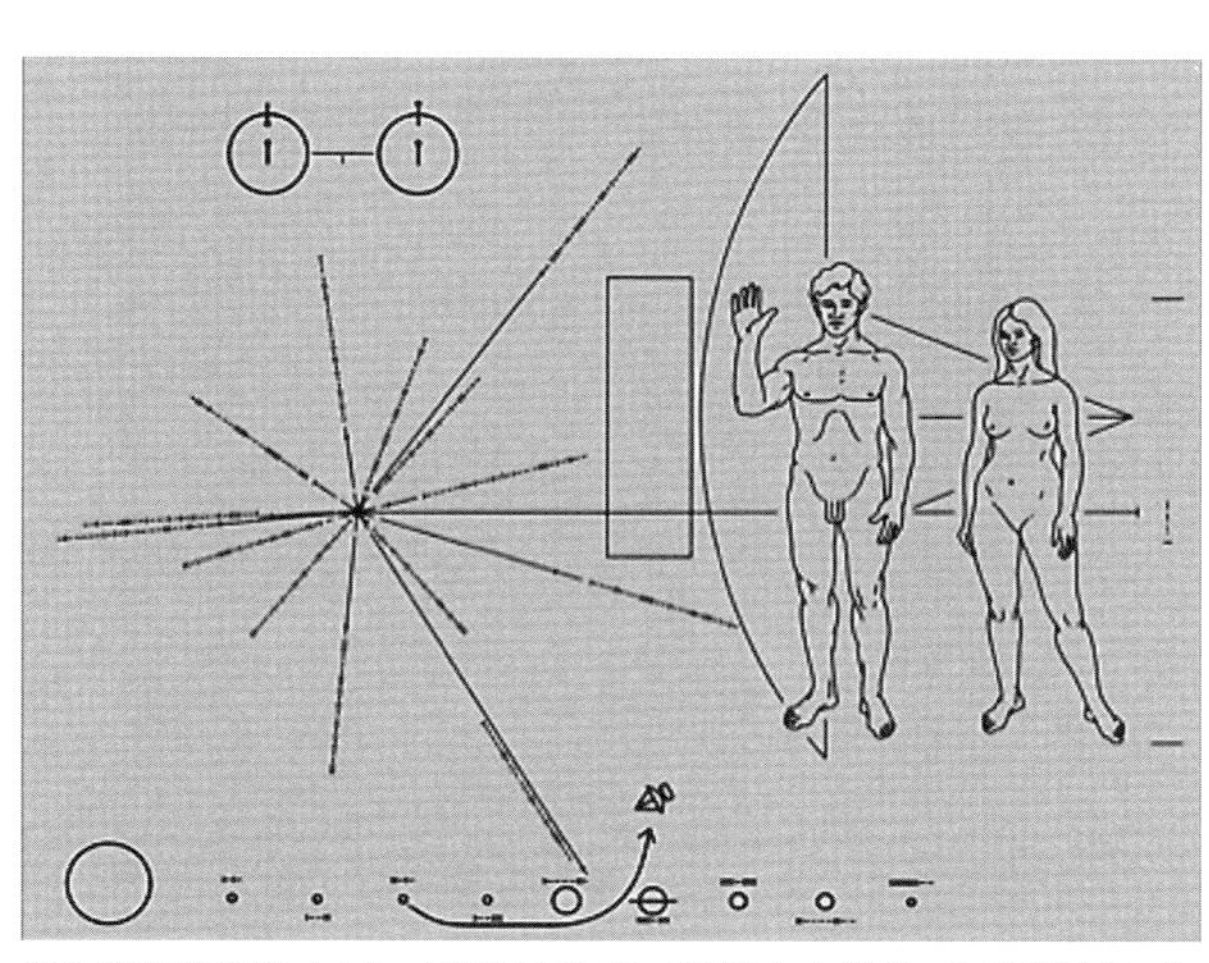

図▶宇宙探査機パイオニア10号と11号に搭載された銘板。この「裸」がいろいろと物議を醸した。

いことのように思える。

イカルス星人とザラブ星人、そしてゴドラ星人（加えてその他多くの宇宙人）については、地球人に変身、もしくは変装しているときは服を着るらしく、同様のことは「一条貴世美」を名乗っていたルパーツ星人の「ゼミ」についても言うことができる。が、ルパーツ星人はもともと地球人と見分けがつかないほどよく似ているのかもしれない。いずれにせよこの傾向は、『宇宙大作戦（スタートレック）』に登場する多くのエイリアンにも確認でき、第一シーズンの「惑星M113の吸血獣」に登場したモンスターも、吸血に際して正体を現すとき、ほぼ裸に近い姿を見せる。おそらく、宇宙的スケールにおいて着衣は必ずしも普遍的な習慣ではないようだ。逆に言えば、服さえ着れば地球人に見えるということにもなるのだろう。それは、ワイアール星人が地球人に変身する際の描写によく示されている。

そうそう、「裸」と言えば、一九七二年と七三年にそれぞれ打ち上げられた宇宙探査機、パイオニア10号と11号に搭載された、エイリアンに対するメッセージの金属板（銘板）には、図に示すように裸の男女が描かれていた。よく考えてみればこれは不思議なことで、実際地球を訪れた宇宙人が裸の成人を見ることはかなり困難なことのはずなのだ。にもかかわらず、あえて裸を描くということは、生物学的、科学的に「ホモ・サピエンスのありのまま」を示すべきという思惑あってのことだろうと推察する。が、「ありのまま」とはこの場合何をもってありのままというのだろうか。たとえば、宇宙人の集まるパーティーがあったとして、そこで人間の代表が自己紹介するとき、そいつはやっぱり素っ裸でいるべきなのだろうか、『宇宙人ポール』のように。

実は、このことを笑い飛ばした映画がある。『ミラクル・ニール』というのがそれで、さまざまな惑星の知的生命体が地球人と同じように、銘板を搭載した宇宙探査船を飛ばしまくっているのだが、それを回収しては銘板をコレクションしているかなり高度な知能と文明をもったエイリアンが銀河の中心におり、「何で、どいつもこいつも自分の裸の絵を描いて送ってくるのだ？　頭おかしいんじゃねぇのか」と、笑い転げる場面がある。どの宇宙人も、みな考えることは同じだという話である。

話を戻すと、ピット星人のような昆虫、もしくは節足動物型の宇宙人が、脊椎動物型のロボットなり怪獣（エレキング）を操って地球征服を企むというパターンは、セミ人間（チルソニア星人）とガラモンの例にも見られたことだ。人間にしてみればそれだけですでに屈辱的なことだと言わねばならない。

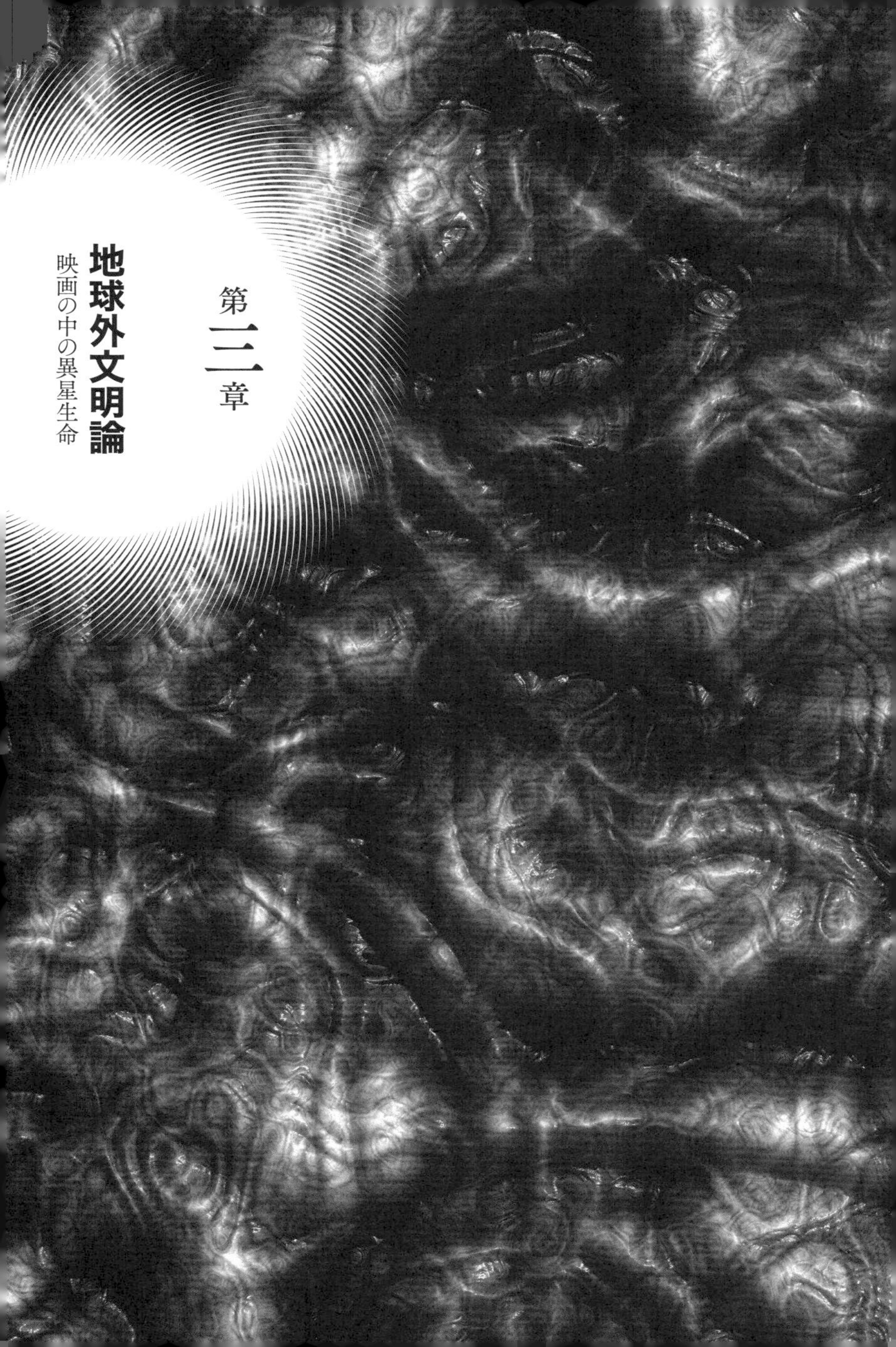

第三章

地球外文明論

映画の中の異星生命

この章では、もっぱらSF映画に登場した異星人や宇宙怪獣を取り上げようと思うが、あらためて、これまで途轍もない数の宇宙生物が「創造」されてきたことに思い至る。むろん、それらを全て網羅することは本書の趣旨ではない。動物学を語るために、全ての動物種を扱うわけにはゆかないのと同じだ。必然的に、興味深いものを取り上げてゆくことになるが、明らかに現実世界における外交問題や仮想敵国、特定の民族や思想、宗教、風習などのカリカチュアになっていると覚しいものは避けることにした。結果として、スタートレック・シリーズにおけるバルカン人やクリンゴン人をはじめとする多くの異星人、スター・ウォーズ・シリーズ、MIB（メン・イン・ブラック）シリーズ、『惑星大戦争』や『宇宙からのメッセージ』に登場する異星人たちは、以下の考察の対象とすることができなかったのでお断りしておく。が、それは必ずしもこれらの作品に興味深い地球外生命が扱われていないということを意味するものではない。

また同様に、五〇～六〇年代のアメリカ製SF映画で、男性の宇宙飛行士たちが外宇宙で遭遇する様々な「美人女性型宇宙人」の方々についても（実はわたしは大好きなのだが）、本書の趣旨には合致せず、今回は考察を諦めざるをえなかった。そこには、『月のキャットウーマン』、『火星から来たデビルガール』、『惑星X悲劇の壊滅』、『妖怪巨大女』、『美女宇宙人の侵略』等が含められる。残念なことではある。ザ・中でも、『惑星X悲劇の壊滅』は私の大好きな作品で、先日ようやくDVDを入手することができた。ザ・ザ・ガボールの演技は特筆すべきもの。おそらく、この映画に関する話題よりも、女優としての彼女の人生の方が興味深いだろう。『美女宇宙人の侵略』はほのぼのとしたコメディで、ドリフの『8時だヨ!全員集合』にも似たチープなセットの使い回しが素晴らしい。筆者が個人的に主催している映画上映会で、かなり評価の高かった作品であると付言しておく。『妖怪巨大女』がなぜこの中に含められるのか訝しむ向きも多かろうが、「巨大女」は地球人でも、彼女を巨大化させたと覚しい巨大宇宙人が登場するために、ここにリストアップしたのである。同じ理屈で、メフィラス星人に巨大化させられた科学特捜隊のフジ隊員もここにカウントすべきかもしれない。それにしても、アメリカではなぜこんな馬鹿馬鹿しいSF映画がいくつも作られたのか不思議でならない。これがいわゆる「裾野の広さ」というものなのだろうか。そうかもしれない。確かに、こういったものをわざわざ作るからこそ、その気になれば高品質のSF映画もできる、という効果はあるかもしれない。それが日本には欠けているのだろう(皆無ではないが)。

上と同じ理由で趣旨に合致しない映画としては、『ロボット・モンスター』、『プラン9・フロム・アウタースペース』などの、いわゆるお笑い系映画も数えられる。ただし、このカテゴリーは少し微妙だ。というのも、必ずしも意図的にこのジャンルを目指した上で制作されたわけではないからだ。たとえば、ここに『巨大な爪(人類危機一髪!巨大怪鳥の爪)』を入れる人もいるだろう(私は入れないが、入れようとする人がいるだろうと想像するぐらいの意識は持っている)。むしろ、「図らずもそうなってしまった」というケースが多いのだろうと想像する。また、人によっては、このジャンルにどの映画を入れるべきかという線引きが大きく揺らぐ可能性もある。ちなみに、『ロボット・モンスター』もまた、仲間内で評判の高かった作品で、確かその晩はこれと『美女宇宙人の侵略』の二本立てだったように思う。

宇宙生物といえば、アニメ版のゴジラ三部作、『GODZILLA怪獣惑星』、『GODZILLA決戦機動増殖都市』、『GODZILLA星を喰う者』にも、地球人と行動を共にする二種の異星人、「ビルサルド」と「エクシフ」が登場し、加えて二万年後の地球に「フツワ」と自らを呼ぶ未来人類も生き残っているが、あまり宇宙生物として本書で考察する意義はなさそうだ。もしあるとすれば、フツワのゲノム中に昆虫の塩基配列が確認されたことだろうが、これが何を意味するのか明確になるような話は出てこなかった。

むしろ、過去の東宝作品に登場した宇宙人、「ナタール」や、「ミステリアン」、「X星人」、「キラアク星人」、「ブラックホール第三惑星人」などの方が、いわゆる宇宙人としての考察に値する。これらのうち、高温でのみ活動する鉱物様のキラアク星人については、「岩石生物」の項を参照して頂きたい。彼らが母星と著しく環境の異なる地球をなぜ欲しがったのか、疑問は残る。ほかの宇宙人のほとんどは、種の存続か、よりよい生活環境に移住しようとする目的の一環として地球を攻撃したが、それについては潜在的に「ビルサルド」と「エクシフ」も同様であったと覚しい。そして、地球が選ばれた理由が必ずしも「美しい星だから」ではなく、「まだ文明によって蝕まれていないから」だということも認識しておくべきだろう。人間とよく似た生物が進化できる惑星は、必然的に地球と同様の環境であろうと期待されるからだ。

1——物体X［常軌を逸した形態形成能］

南極大陸の氷の中から発見された巨大な宇宙船は、遠い昔、地球に飛来した宇宙人のものであった。その乗組員は死滅したと思われたが、実は「それ」は冬眠していただけであり、南極越冬隊員たちが何も知らずに蘇生させてしまう。それは何と、人間に化けては個体を増やしてゆく、恐ろしい寄生生物であった……。

鬼才、ジョン・カーペンターによって作り出された宇宙モンスター「物体X」（『遊星からの物体X』（1982））は、一九五〇年代に作られた映画、『遊星よりの物体X』（1951）のリメイクであるに留まらず、むしろ原作小説にあった恐怖をそのまま再現し、過去の異星人の常識を文字通り根こそぎ覆してしまった。[*] それまで「異星人」や「宇宙怪獣」というものは、それがどんなに恐ろしいものであっても、一応「かたち」らしいものをもち、いつも決まった姿を見せていたものだった。つまり、明瞭な「イコン」と形態学的アイデンティティを伴う存在であった。が、「物体X」にはそもそも「形」というものがない。そして、それこそが「物体X」の恐怖であり、魅力なのだ。いわば「物体X」は、それが「何ものでもない」ことによって「物体X」たりうる。そして、「何ものでもない」からこそ、それは潜在的に「何にでもなることができる」という可能性をも持つ。しかもそれは単なる「変身」ではない。変身は単なる模倣にすぎない。「物体X」が行うのは部品の継ぎ接ぎ、すなわち「ブリコラージュ」なのだ。

＊——この、ジョン・W・キャンベル・Jr原作のSF小説『影が行く』（創元SF文庫）の映画化であるオリジナル作品は、昔一度だけ見たことがある。それは植物人間とでもいうべき存在で、変身はしない。原作小説では餌食となった人間に変身するため、リメイクにおけるのと同様の疑心暗鬼が描かれていることになる。ある意味、リメイクの方が原作に近いというべきなのだろう。

「物体X」が発明されなければ、あの岩明均の名作、『寄生獣』も生まれることはなかったかもしれない。「物体X」は、細胞のレベルで人間をはじめとする動物の体内に入り込み、徐々にその犠牲者の細胞を自分のものに入れ替えてしまう。したがって、誰が人間の敵なのか、見ただけではわからなくなってしまう。ひょっとしたら、自分が乗り移られていることにもなかなか気がつけないのかもしれない。多分そうだろう。しかし、それを見分ける方法はある。

たとえば、犠牲者の有機体部分、つまり細胞でできた部分はすっかり「物体X」になってしまうが、衣服や金属製、セラミック製の部分は「物体X」になれない。人工関節も入れ歯もダメだ（「物体X」に入れ替わった人体では、虫歯も無傷の状態に再生してしまうらしい）。『遊星からの物体X』の前日譚を描いた『遊星からの物体X ファースト・コンタクト』（2011）においては、同化プロセスにおいて排除された虫歯の「詰め物」の有無で「物体X」か否かを見分けるのである。また、「物体X」は基本的にバラバラの細胞の集合体にすぎないので、個々の細胞が生物として完結しており、個々の細胞のレベルで自己の生存を維持しようとする。したがって、「物体X」によって同化された人間の血液も、攻撃を回避しようとする、つまり、『遊星からの物体X』に見るように、「物体X」の血液は自らの力で動くことができ、熱から逃避しようとするのである。これも、「物体X」を見分けるための有効な方法の一つだ。

南極越冬基地という閉鎖空間の中で、隊員たちに次第に疑心暗鬼が蔓延し始める。それもまた、この映画の魅力になっている。が、何と言っても「物体X」の恐怖は、さまざまな動物(ヒトを含む)のパーツを継ぎ接ぎしたような、おぞましいその「キメラ性」にこそある。さっきまで腹だったはずのところに新しい頭ができ、見当違いのところから足が生え、新しい口が開いて牙を剥く、そう言った常識はずれの器官構造の配置や組み合わせ、すなわち「ボディプランの造反」が革新的だったのだ。

ボディプランを無視した肉体部品のブリコラージュがいかに不気味で魅力的なものになるかということは、昨今のアートが果敢に挑戦・追求しているテーマの一つとなっている。二〇一八年に刊行された『肉塊アート——人体解剖美術集』(グラフィック社 2018)では、ヒトの臓器が様々に変形し、組み合わさることによってもたらされる非日常的な、文字通りこの世ならぬオブジェの創造による視覚効果が、実に様々に模索されている。とりわけ、マシュー・レヴィン、クリス・マーズ、ジェイソン・ブリッグスら若手アーティストたちの諸作品は、怪物的な魅力に満ちている。そのような試みの数々を見るうちに、ひょっとしたらこのタイプのアートの先鞭をつけたのは、ほかならぬ『遊星からの物体X』ではなかったかなどと思った次第。あるいは、沼正三『家畜人ヤプー』(角川文庫)に描写された、数々の改造人体がむしろそれにふさわしいか。見慣れた肉体の部品が、本来ありえない場所に見出されるときに覚える諧謔味と「意味のずらし」によってもたらされる効果は、根源的な恐怖と嫌悪に限りなく近い。

さて、現実の世界にも、実は「物体X」のような生物はいる。「生物」と言ってよいかどうかはわからないが、ウィルスがそれだ。ウィルスは、不完全な遺伝情報しか持たず、他の生物の細胞に入り込み、その中の「道具」を使って自分自身を複製する。基本的には寄生(準)生物なのだ。ある見解によれば、ウィルスそれ自体は生物学的な実体ではなく、ウィルスが感染した状態の細胞が、かろうじて生物としての体面を保つのだという。ウィルスそれ自体では何もできない。動物の放った精子や植物の花粉そのものを「動物」や「植物」とは呼ばないように、ウィルスそのものは生物としての体面を決定的に欠いており、それが細胞の中に入り込んでようやく、ウィルスは生物学的な現象を引き起こすことができるようになる。この詳細については、武村政春『巨大ウイルスと第4のドメイン――生命進化論のパラダイムシフト』(講談社ブルーバックス)を参照されたい。

確かにその通りだ。自ら複製できるものを「生物」というのであれば、ウィルスは確かに生物ではない。むしろ、まともな生物の「部品」にすぎない。だからこそウィルスは、もともとより複雑な構造を持った生物から、二次的に部品が飛び出して成立したものではないかと言われている。いまや「物体X」にも同じ可能性が当てはまるのは明らかだろう。「物体X」も、いまその本体は最小限の(いや、動物としてみればそれ以下の)遺伝情報しか持たないバラバラの細胞にすぎない。そして、宿主の体に入り込むと、その遺伝情報(あるいは、形態形成に関する発生プログラム)を借用し、自分の姿をそれに合わせてゆく。しかも、過去に寄生したことのある動物の発生プログラムも取り込んでいるから、ヒトに化けたあとでその腹から犬の頭を生やすことも可能だ。それどころか、無脊椎動物の付属肢を生やすことすらできる。しかし、「物体Xの自前の形」のようなものは存在しないらしい。彼らは、遺伝発生学的な意味で、典型的な寄生生物なのである。そして、その祖先がどのような姿をしているのか、もはややわからなくなってしまっている。

おそらく、「物体X」の自前のゲノムは長い進化の果てにかなり単純化してしまっていることだろう。それはもはや、自分自身では細胞集団に形を与えることができず、何らかの体を得るためには、「物体X」は他の動物に寄生しなければならない。であるから、ウィルスと同様、「物体X」はそれ自体では多細胞生命体の体裁を保てないのだ。基本的に「物体X」は、細胞活動を維持するだけの最小の遺伝子セットと、宿主のゲノムの中の遺伝子制御ネットワークを拝借するための優れた編集機構だけを持つにすぎない。そして、宿主から宿主へと移りゆくに従って自身のゲノムサイズが増大し、必要に応じて切り詰めてゆくような機構も備えているのだろう。

「物体X」はまた、体内の様々な場所に、昆虫における「成虫原基」のようなものを随時発生させているらしい。つまり、体の中に次なる体の「もと」が常に作られつつある。しかもそれは、過去に同化した生物のパターンを模している。新しいパターンが、常に体壁を突き破り、体内から伸び出してくるように見えることからすると、彼らにとっての変身、もしくは「メタモルフォーゼ」は一種、節足動物における「脱皮」にも似たプロセスで行われているのかもしれない。ただしその新しい「皮膚」は、それまで用いていた皮膚のパターンや位置に依存せず、体の極性や、形態要素のアイデンティティを常に「再定義」しながら、全く手前勝手に発生しているのである。どのようなものにも変身できる個々の細胞はある意味、「全能性幹細胞」と同じものであり、それが体の隅々にまで充満している「物体X」はいわば、「形態形成能が常軌を逸したプラナリア」とでもいったような生物として解釈することもできるだろう。

不可解なのは、このように細胞単位で生きている有機体が、いかにして文明やテクノロジーを発展・継承してゆけるのかということだ。知識や工学技術というものはいうまでもなく「情報」であり、遺伝物質ではなくコミュニケーションを介して伝達される。また、南極の氷の中に閉じ込められていた「物体X」の宇宙船は、直径数百メートルの円盤状であったが、もし細胞単位で生きてゆけるのであれば、あれほどのサイズは本来必要なかったはずではなかろうか。あるいは、単なる細胞の塊では、宇宙線の建造など土台無理なことだったのでは……。ことによると、あの円盤に乗っていた宇宙人は「物体X」に寄生された結果として、太古の地球に墜落したのか(原作小説では実際その可能性が示唆されている)。映画を見終わってその疑問だけが残り、それだけがいまでも説明できないでいる。

2——岩石生物［もう一つのヘッケルの夢］

我々、地球の生物の主体が炭素原子であるように、これとよく似た元素として「ケイ素を主体とした生物が宇宙にいてもおかしくないのではないか」という考えは、かなり昔から存在した。つまり、「ケイ素（シリコン）生物」というわけである。早い話が、「岩石生物」である。『ガメラ２』に登場したレギオンもそうだ。半導体に似た体組織を持つ彼らは、音波ではなく電磁波を用いてコミュニケートするのである。しかし実際には、炭素がつくりうる分子構造の全てがケイ素で代替できるわけではないので、この「ケイ素生物仮説」にはそれほど信憑性はないのかもしれない。それでも、SFの世界ではこの仮説がなかなか人気だったようで、「ケイ素生物」を扱った多くの作品が存在する。

たとえば、最もよく知られた話の一つとして、『宇宙大作戦』に「地底怪獣ホルター」（シーズン1、エピソード26 The Devil in the Dark）というエピソードがある。「ジェナス６号星」という惑星にある鉱山で事故が起こり、多くの作業員が命を落とす。それを調査しにきたカーク船長とスポックが遭遇したのが、この「ホルター」という名のケイ素生物であった。スポックはこの生物と精神癒合し、それが高い知能を持つこと、現在繁殖期に入っていることを知る。作業員たちは、知らないうちにこの生物の卵を大量に破壊してしまっていたのだ。この生物は、数万年に一度卵を産み終わると、ただ一個体だけが生き残り、それが母親として全ての幼体の世話をするという仕組みになっているのである。

一見、棘皮動物を思わせるような、不恰好な生物である。しかも、ガサゴソとかなり敏捷に動き回る。が、本当にケイ素を主体とした岩石生物がいたら、案外このようなものかもしれない。ミスター・スポックの見立てのように石綿のような物質を使って関節を作り出すこともできただろうし、ドクター・マッコイがしたように傷口をセメント様の素材（分泌物）で塞ぐこともできるのだろう。岩石中に幾何学的な形状の穴を穿って素早く移動するという設定にも、それなりに信憑性がある。ただ、いかに知的生物であると言っても、解剖学的、組織学的な構造が全く異なったこの生物に対し、バルカン人のスポックが精神感応を行使できたかどうかは極めて疑問と言わざるをえない（絶対不可能とは言わないが）。なぜなら、精神は細胞機能をベースとする神経活動の賜（たまもの）であり、動物においてそれは神経細胞という有機的単位の活動電位を基盤とするからだ。つまり、動物の思考には動物特有の物理学が控えている。ケイ素生物が、これと比較可能な神経系を持っているとはとても考えられない。これはいわば、録音方式の異なる媒体を再生しようという（いわば、テープレコーダーでDVDを再生しようとするような）無謀な試みと言わねばならない。もっとも、程度の差こそあれ、宇宙人と意思の疎通を図ること自体、常に無謀なのかもしれないが。

鉱山の作業員たちに言わせれば、卵から孵ったばかりのホルター幼体も見慣れると愛着が湧くのだそうだ。そして、スポックが心を読んだところによると、このホルターもまた、徐々に人間の存在に慣れてきたという。残念ながらこの動物にどのような器官が備わり、どのような仕組みで動くのかについての記述は全くない。が、この生物に信憑性を与えているのは、スポックとマッコイによる疑似科学的な蘊蓄なのである。全く素性の異なった生命に出会ったとき人間がどのような反応をしてしまうか、このエピソードはそれをよく表現している。『宇宙大作戦』のエピソードの中で、私の最も気に入っている話の一つだ。

コミュニケーションの不可能性については、『宇宙大作戦』における「未確認惑星の岩石人間」(シーズン3、エピソード22 The Savage Curtain) に登場した、ちょっとタチの悪い「岩石人間」についても言うことができるだろう。ただし、このエピソードはかなり人を小馬鹿にした話である。この岩石人間は見るからに人間のような格好をした生き物で、その体はものすごい熱を発している。溶岩のように流体状になることによって動きを可能にするというのであろう。『月のキャットウーマン』のリメイクとして知られる『月へのミサイル』に登場した「ロックマン(岩男:字幕では「岩石動物」とも)」は、これがさらに劣化したようなものだった。このような岩石人間のイメージは、『ウルトラQ』のエピソード、「富士山SOS」に登場した「岩石怪獣ゴルゴス」を思い出させる。ただしゴルゴスは、湖から突如吹き出した岩石から生まれたもので、どうやら地球生物ということになってはいるらしい。やはり、岩石生物というコンセプトに無理があるのか、こういったものにはホルターほどのリアリティが感じられない。むしろ、既存の有機的な生物のイメージを無理矢理岩石に当てはめてみたという印象が強いのである。かくして、SF性に関しては「ホルター」に遙かに劣る。

おそらく、宇宙から来た岩石生物(?)としていまのところ最もリアリティが高いのは、『モノリス

の怪物 宇宙からの脅威』(1957)に登場した「モノリス・モンスター」であろう。これは隠れた名作だ。ある夜、宇宙から飛来した隕石が落下し、その中から黒曜石のような結晶が無数に飛び散る。黒く光る水晶のようなその塊はケイ素を主体としており、何と水分を吸って成長し、自重に耐えきれなくなると崩壊して、あたりのものを粉々に破壊し尽くす。そして、その破片がまた次の結晶のための新たな「種子」となる。こうして増殖を繰り返しては、惑星の表面を覆い尽くしてしまう。しかも、これに触れた人間は岩石のようになって死んでしまう。極めて厄介な怪物なのである。こういったところは、あのマイケル・クライトンの名作『アンドロメダ病原体』を思い出させる。このアンドロメダ・ウィルスもまた、結晶を作りながら成長し、人体を冒してゆくのである。

果たして、この「モノリス・モンスター」を「生物」と呼んでよいのだろうか。むろんそれは、通常の意味でのいわゆる「有機体」ではない。これは、文字通り鉱物の結晶である。とはいえ、ウィルスにはない、生物としてのいくつかの特性をも持っている。すなわち、それは一種の物質代謝を通し、自前の分子的装置(その正体は不明だが)でもって自己増殖することができる。すでに述べたように、ウィルスは他人の細胞内の装置を使わないでは増殖できないのだから、モノリス・モンスターははるかにまともな「生物性」を備えていることになる。ミスター・スポックの言うケイ素系生物が本当にいたなら、それは進化の初期段階で取りあえずはモノリス・モンスターのようなものになったであろう。これから見ると、ホルターですらもパロディのように見えてくる。

これに関して思い出すのは、独自の「一元論(モニズム)」を展開した生物学者、エルンスト・ヘッケルである。すなわちあの、「個体発生は進化を繰り返す」と述べた、一九世紀ドイツのヘッケルである。彼はデカルト以来の二元論、つまり、物質と精神を区別する哲学を全面否定し、霊魂の存在をも認めなかった。これは見ようによっては、粘土のような微細な鉱物結晶（無機物）をベースに最初の生命の分子的基盤が形成されたと考えた、ケアンズ＝スミスのいわゆる「鉱物起原説」とも一脈通ずるところがある。認識の中で生命の属性が立ち上がることはすなわち、実際の生命の進化がどのように始まったかという問題ともパラレルなのだ。

ヘッケルのモニズムはいわゆる「物質一元論」ではない。彼が目論んでいたのはむしろ、生命の本質すらも物質、あるいは個々の元素に見出そうという、かなり極端な考え方であった。そんな哲学に至った彼によれば、「自分を鋳型にして増殖してゆく結晶の成長と、生物の成長にそもそも区別はない」ということになる。もしヘッケルが、自分自身を鋳型にして倍加する「DNAの半保存的複製（Semi-conservative replication）」*を知ったなら、おそらく狂喜したことだろう。それこそ、彼がイメージしていた、物質としての生物の本質的な姿だったからだ。ヘッケルは、生物を物質に還元することによって生物を「脱構築」するのとは逆に、あらゆる物質に生物学的な特性を見出すことにより、この世の全てを生物に連なる物質界として「再構築」したのである。しかし、いずれの方法においても、生物を他の事物と差異化し、それによって生物を特定的に定義することはできない。

*――DNAの複製様式のこと。二重鎖の片方の鎖を鋳型にし、もう片方を合成することによりDNAが複製されること。

むろん、「生物と無生物の違い」は、「何をもって生物の定義とするか」にかかってくる。私にしてみれば、単に遺伝的機構を介して複製・増殖するだけではなく、その度重なる過程のうちに変異を取り込み、特定の適応度を増してゆく方向へ「進化」し、それによって結果として合目的的なロジックを身にまとってくれなければ「生物」とは呼びたくはない。聞くところによると、NASAの生物学者も「進化すること」を生物であることの要件の一つとしているそうだ。鳥が「飛ぶために翼を持っている」ように見え、ライオンが獲物を狩るために牙を持つからこそ、動物というものはいかにも生物らしく見えるのであり、このような動物が成立した背景には間違いなく進化プロセスが控えている。

その点で、宇宙開闢よりほとんど変わらずにいるただの鉱物結晶など、ちょっと生物として認める気になれない。かといって、モノリス・モンスターを産み出した「偶然」と、本物の生物が最初に成立するに至った「偶然」が、「全く別のものだ」という勇気は私にはない。とはいえ、ヘッケルが間違えたのもまさにこの部分なのだ。ならば、適応的進化の観点から「モノリス・モンスター」はどこまで「生物らしい」のか、生物進化に比肩できるようなプロセスがこれまであったのか、それによってモノリス・モンスターを適応的な存在にしている仕組みがどうやって選別されてきたのか、というのが真に考察すべき問題なのだ。

あの鉱物状の怪物が、水の存在をきっかけに成長し、ケイ素を取り込みながら周囲のものを同化し、成長の過程で結晶構造を作り上げ、それらの過程を可能にする分子機構が何らかの情報として「遺伝」するとしたら、つまり我々のDNAに相当するような遺伝因子を備えており、かつそれが進化と呼べるプロセスによって成立し、最適化したものであったとしたら、それはすでに立派な「生物」と呼んでいいだろう。少なくとも私はそれで構わない。むろん、生物を「炭素ベースの有機体」と定義するなら、やはりあれは生物とは呼べなくなる。当たり前である。

こういった議論は「充分に発達したＡＩを知性と呼べるか」という問題とよく似ている。もし、知性が「神経組織をベースに生起する機能」でなければならないとしたら、半導体ベースのＡＩには、永遠に本物の知性となる機会など巡ってこない。当たり前だ。しかし、それがもたらす諸現象や様々な効果でもって知性を定義するなら、人間の知性のしでかすことと同じレベルをある程度クリアした時点で、それはもう「知性」と呼ぶしかない。つまりは、このような方針の定義を、いま我々は「チューリング・テスト」と呼んでいるわけだ。何しろそれは、ディープ・ラーニングという淘汰の過程を経てきているのだ。ならば、そんなＡＩが知性らしきもの獲得するに至った経緯は、我々の歴史とそれほど変わらない。

早い話、「鉱物でできた宇宙生物など、いかがだろう」と思いついた時点で、すでにそのイメージは現実の有機的生物のそれに引っ張られてしまっている。こういったアイデアは、「形は生物のようであっても、その素材は鉱物でできている」という設定にならざるをえない。しかし、有機体としての生物がいま見るような形に進化しているのは、まさに炭素ベースの分子系を用いて最適化を果たした結果そのものなのであり、それをそのまま鉱物に当てはめても、それは生物としてそもそも成立しない。有機体は、それが有機体だからこそ有機体らしい形と行動を持つのである。ならば、同じロジックで、無機物で作ったシステムは無機物にふさわしい姿となり、それはもはや有機体には見えないと考えるべきなのだ。仮に、岩石で動物のような形を作っても、それはせいぜいのところ生物のパロディにしかなりえない。「ケイ素生物」についても話は同じだ。いま見る動物の炭素原子をケイ素に変えたら、それはどんな怪物になるだろうかと、誰もが擬似・合成生物学的な想像を勝手にやってしまっている。残念ながらその想像上の姿もまた、炭素生物のパロディにしかすぎない。むしろ、生命の誕生にあって、ケイ素主体の分子系が用いられたら、いま頃どんなことになっていたかを考えねばならない。いまのところ、その答えに最も近い(かもしれない)例はモノリス・モンスターだと私は思う。改めてあの映画のオリジナリティの高さを確認したというわけなのである。やはり、あの映画は隠れた名作だったのだ。

3——宇宙の単細胞生物［「適応の谷」の手前で］

単細胞性の宇宙生物も、もちろん考えられたことがある。確か、我が国の誇るクラゲ状の宇宙大怪獣「ドゴラ」も、最初は「宇宙細胞」として登場していたはずだ。また、『宇宙大作戦』の「単細胞物体との衝突」（シーズン2、エピソード18 The Immunity Syndrome）というエピソードでは、宇宙空間に漂う巨大な単細胞生物が現れる。宇宙船「イントレピッド号」に搭乗していた四〇〇名のバルカン人が瞬時に絶命し、その調査に赴いたエンタープライズ号が「それ」に遭遇したのである。「単細胞物体」の姿はやはり「アメーバ」に似る。確か、昔のタイトルでは、ずばり「宇宙アメーバ」とか呼ばれていたのではなかったか。アメーバといえば原生生物である。むろん、ちゃんとした真核細胞である。「一個の細胞が、長径数百キロメートルにも成長するわけなどない」というような野暮なことはこの際言わないでおこう。そもそも細胞の大きさに関する我々の常識は、多細胞動物のそれ（1～10μm）に大きく引っ張られている。

確かに、宇宙生物が全て多細胞でなければならないというルールはない。それは、目に見える生物に慣れているところから来る先入観だ。状況が許せば、単一の細胞として大型化の極みを目指したものがあったかもしれない。実際、地球においてすら、数とバイオマスにおいて、まだまだ単細胞生物が最も優勢な生物なのである。加えて、単細胞生物が集まっただけの「群体」ではなく、多くの器官・組織が分化した真の多細胞体制を獲得しようとすると、そこには大きな障壁が立ちはだかる。

すなわち、単細胞生物ならば、自分が細胞分裂することがすなわち増殖であり、何度も増殖して数を増やすことが適応であり、成功である。簡単な話である。が、多細胞体制においては、話がちょっと複雑になる。どういうことかというと、多細胞生物ではそれぞれの細胞が機能的に分業しており、増殖に関わる生殖細胞は全体の中の少数派でしかないのだ。そして、様々な細胞型（神経細胞とか、筋細胞とか、表皮細胞とか）に分化するということは、自分自身の増殖可能性を放棄することによってのみ可能となる。いわば、自分が単細胞生物であった頃、自己増殖を最終目標としていた細胞が、いまやその機能を選ばれたメンバーだけに託し、自分はその権利を放棄して特定の機能に特化し、それによって他の細胞の適応度を増大させてやらねばならないのである。むろん、そのような仕組みが成就するためには、一種の「社会主義革命」にも似たプロセスを経る必要がある。この革命を首尾よく進行させたシステムだけが、「社会」としての多細胞体制を成立させることができるのである。社会性の昆虫が、女王だけに産卵させ、自らは生殖に参加しない「ワーカー」や「ソルジャー」に徹するという仕組みも同じロジックによってしか成立しない（第一章参照）。

話をわかりやすくするために、一つ例を引こう。黒澤明監督の有名な映画、『七人の侍』（1954）において、侍大将役の志村喬が村人たちを特訓している時、村の中で比較的安全なところに住んでいるある農民（確か小杉義男）が「オラァ、こんな割りのあわねぇことはやってられねぇ。抜けさせてもらう」

と反抗するシーンがある。それに対して侍大将は、「皆で村を守ろうとしている時に、手前のことだけ考えて勝手なこと言う奴は前へ出ろ。いますぐここで叩っ斬る」と言ってこれをたしなめるのである。おそらくこの時侍大将は、本当にこの農民を殺そうとしていたのであろう、この一喝で村にとっての「生存・適応」が再定義されたわけである。平和なときは、個々人の幸せが村の幸せと同義であった。しかし、村民が一致団結せねばならないような災厄が襲ってきたとき、個々人の幸せは二の次にしなければならない。全体を救うためには、場合によっては誰かを犠牲にせねばならず、個人の損得はある程度無視せざるをえない時がある。多細胞体制を確立する時に超えなければならない「適応度の谷」とは、『リヴァイアサン』を著したホッブズ以来の社会学的命題、「個々の細胞の損得を仮定した上で、細胞集団全体の適応度を高めた体制へと、いかにスムーズに推移できるか」という問題なのである。いうまでもなくそれは、元々自分で卵を産む能力を持っていた「エイリアン」が、いかにして女王を作り出したかという問題と同質のものである。

　本来ならば、「単細胞状態を維持したまま、いかに強大になるか」を模索する生物がいて当然だった。むしろ、当初はそれが主流派だったのではないかとすら私は想像している。実際、原生生物のあるものは細胞一つのままで大きくなろうとした。たとえば、先に紹介したヘッケルが研究していたことでも知られる「有孔虫」も、単細胞の原生生物である。これは石灰質の殻を持ち、その中に一つの細胞が仮足を伸ばして収まっている。沖縄の名物、「星の砂」も有孔虫の一種 *Baculogypsina sphaerulata* の殻なのである。このように、現生のものは小さいが（小さいと言っても、単細胞生物としてはすでにかなり大きい）、化石種には二〇センチ近くにまで大きくなるものがあった。いわゆる「貨幣石」として知られる化石もまた大型の有孔虫のグループであり、これももちろん、それぞれが一つの細胞しか含まなかった（ただし、何から何まで細胞一つでやるには限りがあり、多くの藻類を細胞内に共生させている例が多い）。こうなるともう、「細胞は微視的な存在」などと言っていられなくなる。エンタープライズ号を飲み込める大きさになるまで、あと一息だ。

結局、地球上では単細胞生物の大型化はあまり成功しなかったと覚しい。おそらく、様々な要因が限界をもたらしたのだろう。「大きさ」だけが競争であるなら、多細胞生物の方がはるかに速やかに大型化できる。これに運動性が加わった日には、もう大型有孔虫が勝てる見込みはなくなるだろう。が、宇宙空間ではどうなのだろう。そこは、環境が地球とはえらく違う。地球上の細胞にとって障壁となる数々の要因が、宇宙空間では欠如しているのかもしれない。あるいは、別の要因が勝敗を決するのかもしれない。そのような想像を絶する環境で進化した細胞がどのようなものになりうるか、ちょっと考えてみるのも面白い。

そんなことを言うと、「宇宙空間に細胞など存在できるものか」と言われそうだが、それではSFが成立しない。実際、最近では「生命に満ちた宇宙」というイメージが結構幅を利かせているのである。シリーズ最新作の『スタートレック：ディスカバリー』(2019)もそんなSFドラマの一つだ。そこでは「マイセリウム」という宇宙植物が発見され、この植物が宇宙全体に特殊な「ネットワーク」を張り巡らせている。このネットワークを使って、体長二メートルもあろうかという巨大緩歩動物（クマムシにそっくりな宇宙生物で、ドラマでは「タァーディグレイド（緩歩動物の英名）」と呼ばれている）が、宇宙空間の至るところ瞬間移動しているのである。この生態学的ネットワークを利用し、ディスカバリー号は「ワープ航法」ならぬ「胞子ドライヴ」という特殊な技術で、文字通り瞬時に空間移動できるようになった。

話を単細胞生物に戻そう。「巨大アメーバ」というなら、その名もずばり『巨大アメーバの惑星』（1959）という映画があり、そこにも同じ名前で呼ばれる単細胞生物が登場した。ただし、これは宇宙空間に漂っているのではなく、火星の湖に潜んでおり、近づくものを食おうと待ち構えている。「単細胞」と言いながら、それは実によく動く眼球を持ち、捕らえたものを強い酸で細胞内消化する（らしい。ただし「食胞」のような構造までは見られない）。火星探査船の乗組員の一人が、まさにこの巨大アメーバの仮足に捕まり、ほかの隊員たちの目の前で消化されてしまう。細胞膜を通して見える犠牲者が徐々に消えてなくなってゆく場面は、これ以上ないぐらいに悲惨だ。

イブ・メルキオール監督のこの映画を、実は私は大変気に入っていて、それはひとえに登場するモンスターの造形によるところが大きいのだが（子供の頃からそれが気になって気になってしかたなかった）、残念ながらあまり科学的考察の価値があるとは思われない。むしろ、一種の幻想映画として楽しむべきではないかと思っている（同様のことは、ルネ・ラルー監督によるアニメ映画『ファンタスティック・プラネット』についてもいうことができる。その独特の世界も不思議な生物の目白押しである）。

その点、この映画の元のタイトル「怒れる赤い惑星 *The Angry Red Planet*」によりふさわしいのは、通称「コウモリグモ」と呼ばれる、怒こりんぼうの巨大クリーチャーだろう（ほかにも「三つ目の火星人」とか、神経系を備えた「人食い植物」などが登場）。その名の通り、これはコウモリの胴体にクモの脚が生えた、文字通りの「キメラ怪獣」であり、全面赤いフィルターを通して、おまけにハレーション起こさせたような異様な特殊撮影の風景の中で、この怪獣だけは妙にハマっていた。しかも、どこか憎めない顔で、見ようによっては愛嬌がある。探検隊に襲いかかるコウモリグモに対し、隊員の一人が冷凍銃で応戦するのだが、それで目を撃たれたコウモリグモが痛そうに手で目を押さえ、悲鳴をあげながら逃走するところが何とも可愛くて可哀想でならないのだ。あれから彼はちゃんと生き延びたのだろうか。餌を捕ることはできたのだろうか。無論、コウモリグモは単細胞生物ではないが、ほかのどの映画にも見られない幻想SFの味わいがあってなかなか捨て難いと思い、あえてここで取り上げた次第。

初出：『日本進化学会ニュース』vol.20 no.2（2019）に加筆訂正

4 ——『エイリアン』と『ライフ』の狭間［重力制御か光速移動か］

「ここはどこなの？」

「君にわかんなきゃ、オレにわかるわけがない」

……………………

「お、おい、ここはいったいどこだよ？」

「地球に帰るところだよ、ケイン。これからまたフリーザーでオネンネ、ってわけさ」

映画『エイリアン』より

昔のSF映画に出てきた宇宙船は見かけによらずハイスペックで、それに乗ればいろいろな星にすぐに行けたものだ。たとえば、パロディ映画で有名な『フレッシュ・ゴードン』にその典型を見ることができるし、昔のTVドラマ『宇宙家族ロビンソン』もそうだった。まるで隣の町に行くように、あっという間に星間旅行ができたのだ。ところが、最近はさすがに宇宙における距離感が広く理解されるようになったと見え、恒星間航行とコールド・スリープが切っても切れないような状況になってきた。SF映画のリアリティとして「寝るか、寝ないか」は大きな問題なのだ。

あの名作映画『エイリアン』は、冒頭のシーンでわかるように明らかに「寝る」方の映画で、当時は「やっと本格的なSF映画が現れた」と評判になったが（ほかにもいろいろ理由はあるが）、その一方で、回転もしていない宇宙船ノストロモ号の中で乗組員がちゃんと「立つ」ことができる。つまり、宇宙船は光速を越えないが、人工的に重力を制御できるようにはなっている。したがって、宇宙船に「上下」がある。しかし、『2001年……』や『インターステラー』や『ライフ』では、それができていない。つまりSFに、「立つか、浮くか」というもう一つの軸があることがわかる。そして、光速を超えることのほうが、重力制御より困難だという前提がそこに見える。しかし、これは必ずしも当然のことではないらしい。というのも……。

光速に近い速度で宇宙の果てに行って戻ってくると、いわゆる「ウラシマ効果」で歳の取り方が遅くなるというのが、特殊相対性理論の予想するところ、それは『エイリアン2』、『インターステラー』など、多くの映画で表現されているが、「ワープ航法」を用いる全ての映画はそれを無視している。まるで、日常的な意味での「同時性」が宇宙全体を支配しているかのようだ。六〇年代の猿の惑星シリーズでは、それが一層わけのわからないことになっている。というわけで、「真面目にウラシマするか、しないか」というのが第三の軸だ。すでに第一章においてエイリアン・シリーズについては散々取り上げたが、ここで扱うのは、宇宙SFものにまつわる「不可能さのレベル」。SF小説や映画に描かれる常識のレベルが、さまざまだという話である。

まず、テクノロジーレベルの低い方から見てみよう。『ライフ』は、火星に由来した宇宙細胞「カルヴィン」を育てているうちにそれが怪物化し、宇宙ステーションの乗組員が一人、また一人と犠牲になってゆくという物語で、筋立ては『恐怖の火星探検』(1958)や、その発展形である『ダーク・スター』、さらには『エイリアン』と同じ系譜にあるものだが、珍しくここでは、超光速航行も重力制御もできていない、非常に現実的な宇宙ステーションが描かれている。「凶暴な宇宙生物」というSFアイテムのわりには、それを取り巻く状況がきわめて現実的で常識的なのだ。

まるでそれは、(宇宙生物以外は)数年後の現実世界の話のようでもある。そのため、雰囲気がどことなく『ゼロ・グラビティ』にも似る。人間の活動がままならない環境において、次第に追い詰められる人間の恐怖が売りなのであろうが、私にはどうも違和感が拭えなかった。そして、この違和感の根源が何かと考えているうち、カルヴィンの生物学的な非常識さもさることながら、宇宙SFにおいて「文明やテクノロジーの発達段階をどう設定するか」という問題に思い至ったのである。

『スタートレック』や『スター・ウォーズ』や『エイリアン』の世界では、宇宙船の中で人が床の上に立っているのが半ば「常識」となっている。であるからには、そこには人工的に作り出された重力場があるということになるし、それはとりもなおさず、その世界で科学技術がその水準に達しているということになる。ちなみに、士郎正宗作の漫画『アップルシード』(青心社 1985–1989/映画 2004)の世界でも重力制御は可能になっていたが、その世界で超光速航行が可能であるようには見えない。典型的には、『スタートレック』に描かれた年代記がよい基準になるのであろう。人間の作ったロケットが、まずワープ航法の開発によって光速を超え（コクレーン博士の発明により、二一世紀以来可能になったとされる）、それによって人間が宇宙船に乗り込んでほかの恒星系へと旅することができるようになる。通信はもはや電波では間に合わない。亜空間通信が必要になるが、それはワープ航法の発明の副産物として得られたものかもしれない。

重力テクノロジーはとりわけ「スタートレック世界」では明示的に示されており、敵の攻撃で重力発生装置が壊されれば、乗組員達は宙に浮いてしまうし（『スター・トレック イントゥ・ダークネス』(2013)において、パワーを失い地球の引力に捉えられたエンタープライズ号の中で、乗組員が「下に落ちる」のはちょっと頂けない。自由落下の状況では全てが同じ加速度を持つので、やっぱり常に「浮いて」いなければならない）、この技術がまだ完成に達していない時代を描いた『スタートレック：エンタープライズ』では、船内のおかしなところで重力の反転が起こり、たとえば人間が天井に張りついたりする（さらに、このドラマ・シリーズでは転送装置がまだ未熟で、人間を安全に転送することができない）。したがってこの世界では、重力制御が可能になったのはおそらく「ワープ航法」以降のことと考えてよいだろう。それが、「スタートレック世界」の発展史であり、この歴史の中で科学技術の優劣が特定の序列で定義されている。

ところが、「エイリアン世界」では「ワープ航法」ができないにもかかわらず（だからこそ、コールド・スリープする）、重力制御ができている。ということは、重力制御のテクノロジーは、ワープ航法と無縁の代物だということになりそうだし、異なった映画の世界ごとに異なった科学の発達史か、もしくは異なった物理法則があるかのように思えてしまう。極端に言うと、重力を何とかできるくらいだったら、時空を操ることができ、みな同じ程度にSFできるだろうと思ってしまうが、どうもそうではないらしい。

先に述べたように、SFではあるが、現在と地続きの近未来を描いた作品では、重力がないか、さもなければ遠心力を用いて人工的に擬似的な重力を作り出さねばならない。『2001年宇宙の旅』、『2010年宇宙の旅』、『インターステラー』、『ライフ』、『ゼロ・グラビティ』などがそういった作品群だ。ただし、しばしば「ハードコアSF」と呼ばれるこれらの映画は、あまりSFらしくないことがある。とりわけ、『ゼロ・グラビティ』がSFかどうかは微妙な問題で、むしろこれは『アポロ13』のような雰囲気を持つ疑似ドキュメンタリーに近い。したがって、「リアリズムのレベルを上げればSFとして質が向上するか」といえば、それは必ずしもそうでもない。SFがSFであるためには、何か現実世界では起こらないことが起こっていなければならない。

その点、『インターステラー』が理想的なSFの範疇にあると言えるのがなぜかというと、ブラックホールの特異点（シンギュラリティ）のデータを知ることにより、重力も時空も好きなようにできるようになったという、とんでもない高レベルの（超次元に棲息する）未来人が描かれているからだ。そして、彼らがタイム・パラドックスまで起こすことによって（何しろ、特異点をものにしたので）、予定調和的に地球を救うことになるのである。ここでは、全てのテクノロジーが、一挙に人間のものになるとされる。SF的には私はこっちの方が好みだ。「ブラックホールの中に飛び込む」ということがそもそも「魅力的な大嘘」であり、そのウソに基づいてそれ以外のことが全て整合的に説明されているからだ。

というわけで、光速を超えて、かつ重力を調整できるのなら、それは時空を操ることにもつながり、タイムマシンやブラックホール、ワームホールの生成も自動的に可能になりそうなものだと素人考えで思ってしまう。たとえば、新シリーズの『スタートレック』には、若き日のスポックが、「ブラックホールを作るロミュラン人なら、タイム・トラベルの能力も持っているかもしれない」と示唆するシーンがある。もっともだ。一方で我々は、「光速を越えるワープ航法を可能にしている君達も、同様にタイム・トラベルできるのではないか、いやむしろ、日常的にウラシマ効果とかタイム・パラドックスが起こって大変だろう」と思ってしまうのだが、それは間違っているのだろうか。どうもそういう話でもないらしい。

「スタートレック世界」では、タイムトラベルはちょっと難しい「禁断のテクノロジー」だという、変な常識がまかり通っている。そして、彼らよりずっと進んだ未来の人間が、「時間管理局」を作り、タイム・パラドックスを起こさないように気をつけているという設定になっている。

科学やテクノロジーの発達をどう設定し、一つの世界観の中でどう調和させるか、おそらくそれ自体がSFにおいて大問題なのだ。あらゆる学問体系について言えることだが、一つのことが明らかになれば、それが別の問題に光明を与える。生物学でも話は同じで、遺伝と発生と進化は密接に繋がっており、遺伝学の発展は発生現象や進化の理解に影響を与えないではおれない。時空と重力も不可分の問題であり、「重力はいかようにも制御できるようになったが、時空のほうが全然わからず、それでもかろうじて光速は超えることができた」というのは、素人目にもちょっと不自然に思えてならない。

同様に、何もかもリアルに再現した上で、やたらと常軌を逸した宇宙生物だけ登場させても何か物足りない。『ライフ』において足りないのはおそらく、バランスのとれたSF感覚なのだろう。火星を真っ赤に塗りたくったのなら、そこには「コウモリグモ」みたいなヤツがいていいのである。同じように、現実的な宇宙ステーションを描いたなら、そこに現れるべき宇宙生物は、「エイリアン・モンスター」よりある意味はるかにシュールで常軌を逸した「カルヴィン」ではなく、いかにもありそうな「宇宙バクテリア」程度のもののほうが落ち着きがいい。そして科学テクノロジーに関しては、何かが切っ掛けになって全てを操ることができるようになることの方が、遙かに自然なホラ話だと思うのだが、どうだろう。それが実際に描かれた『インターステラー』が次のテーマである。

5――『2001年宇宙の旅』から『コンタクト』へ〔そして『インターステラー』〕

彼らは五次元の存在よ
彼らにとっては、時間も物理的次元なの
……………
重力は、時間をふくむ次元を超えることができる

『インターステラー』より

『インターステラー』(2014)も『2001年宇宙の旅』(1968)も、ともに「ハードSFの金字塔」と呼ばれる大作であり、どちらも主人公が時空を旅して、まさにそのことが地球の運命を変えるというストーリーだ。とりわけ『インターステラー』の科学考証の評価は高いという。とはいえ、私は物理学者ではなく、その点についてあまり蘊蓄を垂れることができないのは残念だ。

これら二つの映画に共通する要素は、とりもなおさず重力と時空、さもなければ「ワームホール」だ。ワームホールとは、一つの時空を別の時空へと直結する通路のようなもので、ここを通れば遠く離れた宇宙へ瞬時に移動することも可能だと考えられている。とりわけ『インターステラー』において、

宇宙物理学者が主人公にワームホールの形状を講釈するところが秀逸であった。曰く、一枚の紙を折り曲げて、二カ所を繋ぐ「穴」をあければ、その形は「円」だ。したがって、3次元空間を折り曲げて通路を作れば、それは「球」になるのだと……。なるほどなぁ。結果、かつて『2001年……』において、ボーマン船長が投げ込まれたサイケデリックな光の奔流であったところの「六〇年代的ワームホール」は、『インターステラー』においてはいまや、宇宙空間に浮かんだ巨大な「泡」として表現され、ブラックホールも同様に、光に取り囲まれた黒い球体として現れた（その物理学的背景については、二〇一九年七月号の『日経サイエンス』における、ブラックホールの物理学についての見事な特集記事をぜひお読み戴きたい）。その黒い表面はさしずめ「事象の地平線」ということになるのであろう。この美しいイメージはさっそく『GODZILLA 星を喰う者』（2018）においても採用された。物理現象を演算で表現することが何より得意なCGは、まさにこのようなシーンのためにこそあるといっていい。断じてゴジラをリアルにするためじゃない。

さて、これらの映画のどこに宇宙人が出てくるのかというと、出てこないのである。出てこないのだが、彼らの存在は彼らがやらかすことによって表現される。『2001年……』では、モノリスを作り、人類進化に干渉し、宇宙船をワームホールに放り込み、年老いてゆくボーマン船長（キア・デュリア演ずる）に住居を与え、さらに彼を「スター・チャイルド」に仕立て上げたのが「彼ら」であったらしい。が、続編最終作の小説版では、結局その正体が未来の人類だという、まるで『プロメテウス』にあったような、少々物足りない謎解きで終わってしまっている。

一方で、『インターステラー』における異星人は、いわば時空を制御できるかなり高等な生命体であり、巨大ブラックホールの「ガルガンチュア」に落下したクーパー（マシュー・マコノヒー演ずる）を「四次元超立方体サテラクト」（異なった時間の娘の部屋に繋がる、無数の立方体が積み重なってできている）に導く。このあたりの雰囲気が、『2001年……』とよく似ている。何とそこでは、時間を未来にも過去にも物理移動することができるのだ。「時間は物理的次元なのよ」という台詞は、どうやらそういう意味らしい。それを利用し、過去の時間にいる娘のマーフにブラックホール特異点の観測データを送ることに成功、ついに人類は重力制御のテクノロジーを完成させる。むろん、これはタイム・パラドックスだ。というわけで、ひょっとしたら四次元超立方体を開いたり閉じたりすることのできるこの超次元生命体というのも、案外「未来の人類」ということになるのかもしれない（映画中で断言はしていないが、どうもそんな気がする）。

こういった異星人を生物学的にどう論じるかというのは、すでに本質的な問題ではないように思う。ここまで行くと、それが人間か異星人かなど、どうでもいいことになってしまうのだ。少なくとも、現在の我々のような卑小で未熟な人間がどうこうと言えたものではない。逆に、人間が成熟すれば、異星人と同レベルに上り詰めることにもなる。異星人が異星人であることの宇宙的意味は、その存在が時空をどう操るかということに尽きるのである。

それは、同じくワームホール的な通路を無知な人類に作らせることによってファースト・コンタクトを果たさせた、映画『コンタクト』(1997)における異星人についても言うことができるだろう。二〇世紀も終わろうとしているのに、ニューメキシコでしつこく「地球外知的生命体探査(SETI)プロジェクト」を継続していた主人公の女性天文学者、エリー・アロウェイ(ジョディ・フォスター演ずる)はある日、恒星「ヴェガ(こと座α星)」の方向から発せられた奇妙な電波に気がつく。それは素数列を正確になぞって繰り返し、パルサーや人工衛星などではなく、明らかに知的生命体から発せられたメッセージだった。しかもそれには膨大な情報量の画像データが付随し、人間を乗せる何らかの「輸送機(ポッド)」とその「エンジン」の設計図となっているのであった。人類は多額の予算を注ぎ込み、史上最大規模の宇宙輸送船建造計画に着手する。ついに輸送機は完成、エリーはそれに乗り込み、未知の世界に辿り着くが……。

はるばるワームホールを抜けてきた最初の地球人、エリーの前に現れたそのエイリアンは、彼女を不安がらせないよう、父親の生前の姿を真似ていた。彼女の記憶を読んだのである。しかも、「彼」に言わせれば、地球で建造された「ワームホール生成装置」は、彼らの発明ですらなく、それより遥か以前に、誰も知らない別のエイリアンがすでに発明し、これまでほかの多くの種族がただそれを活用してきただけなのだという。おそらく、『インターステラー』における「ガルガンチュアの住人たち」と、『コンタクト』において名前すら出てこなかった「ワームホール生成装置」の発明者は、ほぼ同等のレベルの文明を有していたのだろう。彼らは時空や重力を操る超次元の存在なのである。彼らはみな共通してシャイであり、人前に顔を出すようなことは滅多にない、というか全くない。おそらく、類似のレベルにある異星人で、地球人の前に姿を見せたのは、アーサー・C・クラーク作の『地球幼年期の終わり』(創元推理文庫)における、「オーバーロード」ぐらいのものではなかろうか。

そのクラークで有名な「クラークの三法則」によれば、「充分に発達した科学技術は、魔法と見分けがつかない」(第三法則)ということだが、この場合、「魔法」は「神」と言い換えても構わない。それは人間各人の信条による。SFに登場する、人間を遥かに超えた知性とテクノロジーを有した異星人(言っておくが、この場合クリンゴン人やバルカン人などは、ワープ航法や重力制御はできるクセに、所詮地球人とあまり変わらないレベルにあるということになりそうだ)は、事実上、そして機能上、「神」と大して変わらず、明確な姿として描写することも適わない。それは主として二つの理由によるのだろう。

まず、下手に「生物としての神々」を描こうとすれば、それは表現の上でファンタジーと同じものになってしまうだろうから。そうなったら、もうそれはSFではない(その意味で、光瀬龍の『百億の昼と千億の夜』はちょっと危ういところに位置している)。言い換えるなら、重力や時空を操る存在は、「進んでいる」とか「遅れている」という相対的レベルではなく、宇宙論的な意味で我々とは絶対的な差異を示しているのである。

たとえば、『スタートレック:ファーストコンタクト』(1995)では、エンタープライズ号がボーグの時間粒子の流れに取り込まれ、過去の地球に到着してしまう。ピッカード船長らはそこで「ワープ航法発明以前」の二一世紀地球人に会い、エンタープライズ号の中を自慢げに案内する。むろんこの宇宙船は、現在の我々がまだ手にしていない高度な技術でできている。しかし申しわけないが、それはまるで、一九世紀の人間を二一世紀に連れてきて、パソコンやスマホを見せびらかしているようにしか見えなかった。文明の本質が、このような相対的で浅薄なものであってはならない。SFは本質的クォリティをこそ大事にすべきなのだ。

もう一つの理由は、おそらく単に「想像がつかないから」なのである。たとえそれが未来の人間であっても、そのような究極の知恵とテクノロジーを手にした者が手にする世界は、おそらく我々の想像を絶することになるだろう。スマホやパソコンはわかっても、わからないことについては徹底的にわからないのだ。それが科学における真の不可解さだ。つまるところ、「ソフトなSF」は「実際の科学で説明できそうで、しかしいまのところは残念ながらできないこと」という、微妙なレベルの空想の余地の上に成立しているものなのである。そういった意味で、ここに紹介した三本の「ハードなSF」映画は、「描きたくても描けないもの」をぎりぎりのところであえて描こうとしていたといえる。

余談だが、『インターステラー』の中で、「氷の惑星」上で数十年間睡眠状態にあったマット・デイモン(マン博士)がムクっと起き上がってきたときは、「お前、そこにいたのかよ」と不覚にも笑ってしまった。そのあと二回ほど見たが、やっぱり笑わずにはおれなかった。その気持ちがわかる人は多いだろう。誰が何と言おうとここだけは、マット・デイモンじゃなきゃいけない。トム・クルーズでは合わない、マット・デイモンじゃなきゃ。より面白いのは、にもかかわらず、『インターステラー』にマット・デイモンが出ていたことをかなりの人が忘れてしまっているという事実だ(何しろ長い映画だからね）。おそらく、彼がそのあと『オデッセイ』において、やっぱり火星に置き去りにされたことも重なっているのだろう。かわいそうに。

誰よりも数奇な運命に翻弄されるのが似合っていて、しばしば精神が破綻するのが上手な役者だが、その傾向はいまや宇宙的規模での常識となっているらしい。将来的にもし、『ウルトラマン』の「ジャミラ」をリメイク、映画化するなどということになったら、やっぱりジャミラの人間時代を演ずるのは「マット・デイモンじゃなきゃ」ということになるのだろう。私はそう確信している。何なら、着ぐるみにも入って欲しい（何と言っても着ぐるみに限る！）。マット・デイモン、イチオシ！

6——レイ・ハリーハウゼンと宇宙SF［ヴィクトリア朝的展開］

知る人ぞ知るレイ・ハリーハウゼンは、ストップ・モーション特撮で有名で、とりわけギリシャ神話を題材に採った『アルゴ探検隊の大冒険』(1963)に『タイタンの戦い』(1981)、「アラビアンナイト」をヒントにした『シンドバッド七回目の航海』(1958)などが有名だが、初期にはSF作品もいくつか撮っている。

まず、『H・G・ウェルズのSF月世界探検』(1964)から。一九〇一年に刊行されたH・G・ウェルズの小説『月世界最初の人間』が原典。物語は、ヴィクトリア朝ロンドンの郊外で暮らしている男女、ケイト・カレンダー(彼女は七〇年代に活躍した私の憧れの女優、江夏夕子にそっくり。骸骨になって活躍したりもする)とアーノルドのところに、「カヴォール」と名乗る一人のヘンテコな老人が押しかけてくるところからはじまる。実は彼は科学者で、ケイトは始終彼を「ケイヴァーさん」と呼ぶ。私が小学生の頃に読んだジュブナイル版の小説でも、この科学者の名は「ケイヴァー」となっていて、彼の発明した合金「カーヴォライト」も「ケイヴァーリット合金」と書かれていた。で、このカーヴォライト、実はカーテンが光を遮り、鉛が電波を遮断するように、何と「重力を遮る作用がある」という設定。つまり、ケイヴァー博士は一九世紀人のくせに重力制御を成し遂げていたことになる。これで、ケイヴァー博士は月に行こうとしていたのである。最初はアーノルドとケイヴァーが行くはずだったのが、ひょんなことからそこにケイトも加わり、奇妙な冒険が始まるという話。私がこの小説を読んだとき、最も興味を引かれたのがこの、カーヴォボライト、もしくは、ケイヴァーリット合金であった。とにかくそれが面白くて、あとの部分のドタバタ話は全く覚えていない。

一行が乗り込む宇宙船は多面体で、その面の一つひとつには、ケイヴァーリット合金でメッキした特殊なスクリーンが開閉するようになっている。つまり、スクリーンを閉じればその面に作用する重力を遮断できるのだ。したがって、多面体の内部からスクリーンの開閉を制御することによって、宇宙船はどこにでも飛んで行くことができる、が、もちろんそれは重力の働いている場所でしか効かない。私は、いったいこのような仕掛けで本当に月に行くことができるのかどうかかなり考えたが、あまり大した推力を得ることはできないだろうというのが結論だった。そもそも大気圏を出ることができるかどうかわからないし、できたとしても月までは物凄く長くかかるだろうと。重力を遮るだけではダメで、重力に対して反発する力がむしろ必要ではないかと思ったのだ。いずれにせよ、ケイヴァーリット合金は、ヴェルヌの小説にあったような「大砲で月に向かって人の乗った砲弾を打ち上げる」という方法に対抗したもののようで、まだエンジンによって推力を得るという考えのない時代の発想をよく反映しているのであろう。結果、重力を制御することになってしまったわけだ。

本書の方針からすると、一行が月に着いてからの話のほうが重要だろう。そこには空気で満たされた地底世界が広がり、「セレナイト人」と呼ばれる昆虫のような月世界人が棲んでいて(『エイリアン』に登場したスペース・ジョッキーとよく似た顔をしている)、巨大なイモムシを家畜か食料にしている。これは、小説版の「月牛」に相当するものだ。つまり映画の解釈では、月は節足動物型の生物が支配する世界だったらしい。ただし、このイモムシには内骨格があり、それは頭蓋と脊柱に肋骨まで備えているので、実は脊椎動物の外見だけが節足動物に類似したものだったのかもしれない。基本的ボディプランが節足動物と一致しないのだ。しかも、骨格をよく見ればわかるように、顎が上下に動くことまでが暴露されている。そういえば、セレナイトたちも顔以外は人間にそっくりなのである。

セレナイトたちは、夜が来ると一定時間の間全く動かなくなり、冬眠状態に入る。これを称して博士は「アニメーションのストップモーションのようなものだ」という。これがハリーハウゼンの冗談だったのかどうかわからない。さらに、博士は月世界に金塊が落ちているだろうと想像したが、実際は水晶にあふれていた。「はじめに」に書いたように、この映画は、同時期の東宝映画『宇宙大戦争』と部分的に似ており、クラッシックSFの雰囲気を非常にうまく映像化したものと言える。

思えば、舞台をヴィクトリア朝時代のイギリスに設定するという趣向は、単に「H・G・ウェルズ世界の忠実な再現」であるとか、あるいは懐古趣味とも異なり、学問分野や科学技術が細分化され、大局的で素朴な科学精神が枯渇しつつある現代人のコンプレックスのなせる技ではなかろうかと考えることがある。素朴な疑問が科学を進歩させてきたが、いまではそれが無理になってしまったのではないかと……。一九五〇～六〇年代というのは、ある程度ヴィクトリア朝とも地続きだったと思わせるのがこの映画や、ジョージ・パルの『宇宙戦争』(1953)、そして『タイム・マシン 80万年後の世界へ』(1960)なのである。

『世紀の謎 空飛ぶ円盤地球を襲撃す』(1956)はその名の通り異星人による地球侵略を描いた作品。この宇宙人はヒューマノイド型で、まるで仏像のような顔をしている。何より、ハリーハウゼンが得意のストップ・モーションを、円盤に対して使っているところが素晴らしい(宇宙人の方は単なる着ぐるみなのだ)。これにより、円盤が実に生き生きと動くのである。

この宇宙人に対して、地球人の武器は全く通用しないが、彼らがある種の音波に弱いということが発覚し、辛うじて撃退に成功する。このような弱点の設定は、日本の『怪獣大戦争』や、『マーズ・アタック!』において借用された。とりわけ、『マーズ・アタック!』は『世紀の謎……』の露骨なパロディであり、全く同じデザインの円盤が用いられ、オリジナルと似たシーンが意図的なギャグとして撮られている。やはりそこでも、CGによって表現された円盤が有機的な動きを見せる。また、『マーズ・アタック!』の円盤が大挙して地球へ押し寄せるシーンは、『吸血鬼ゴケミドロ』のラストシーンを再現したということである。

最後に紹介するのは、『地球へ2千万マイル』(1957)である。これは、金星の探査船が持ち帰った金星生物の卵が孵り、その怪物「イーマ」が徐々に巨大化し、だんだん手に負えなくなってくるが、それでも最終的に何とか人間の手によって倒されるという映画である。このイーマは明らかに脊椎動物型の怪獣である。そして、あまり宇宙怪獣という感じはしない。脊椎動物型だから「らしくない」というわけではない。この類の垂れた独特の顔はハリーハウゼンが好んだデザインであるらしく、それはむしろ、彼がこの後に手がけた神話、童話的な映画に合いそうなデザインといえる。『シンドバッド七回目の航海』における一つ目巨人の「サイクロプス」、『タイタンの戦い』における「クラーケン」などが、明らかにこのイーマと同系統の顔である。加えて、あの下品なパロディ映画『フレッシュ・ゴードン』に登場した宇宙怪獣がとりわけよくイーマに似ているのが、気の毒というか、迷惑な話である。

話自体にもとりたてて凝った仕掛けがなく、特撮の妙が前面に押し出されたシンプルな映画

図▶我が家のイーマ。

だが、怪獣の動きがあまりに見事なものでこの映画は非常に有名になっている。とりわけ、イーマが動物園のゾウと対決する場面はよく知られている。

7――ソラリスの海［幸福な思考停止］

「自分にとって最愛の人が、どこか遠い宇宙の果てにいる」という夢想はその限りにおいて極めて美しく、ロマンチックなものだ。ゴミゴミした地球とはかけ離れた、どこかパラダイスのように美しい星の上でその人と暮らすことを想像するならそれはなおさらのことだ。彼女（もしくは彼）は、決してあなたを裏切らず、嘘もつかず、あなたを傷つけることもしない。世間のいざこざとも無縁の人生だ。

しかし、何かがおかしい。それは本当に人間なのだろうか。そもそも、地球から遠く離れたこの異世界に自分の恋人がいるわけなどないではないか。あなたが見ていると信じているその人物は、果たして実在しているのだろうか。物質として存在しているとしたら、誰がそれを作ったのか。ポーランドのSF作家、スタニスワフ・レム作の『ソラリスの陽のもとに』（『惑星ソラリス』（アンドレイ・タルコフスキー監督（1972））、そのリメイク『ソラリス』（2002）として映画化）は、そんな信じがたい現象が起こる惑星の話だ。そしてそれは、我々が認識するあらゆるものが知覚の中だけで存在し、現象しているという「現象主義」の話でもある。SFの中でこのテーマを扱ったものはいくつかあるが（『ダーク・スター』、『イノセンス』、『未来世紀ブラジル』など）、その中で最も美しい物語がこの作品だと言えるだろう。以下の考察は、小説版と映画版が渾然一体となった、私の中での「ソラリスの記憶」とでもいうイメージに基づいたものだ。

タネを明かせば、その星の「海」が一種の巨大な有機体、もしくは生命体であり、それがまさしくこの「魔術」を行っていたのである。人間が喜ぶあらゆるものを作り出していたのである。まず、このようなソラリスの海を、いわゆる「生物」の範疇で捉えることができるかどうか、それは非常に難しい問題だが、とにかく本作ではそのような設定になっている。生物である以上、何らかの情報が「海」の中を行き来しているに違いない。それはもはや、微小な細胞を単位とはしていない。むしろ、細胞単位というコンセプトを大きく逸脱した生物であると思った方がよい。その意味でこの「海」は、先に扱った「岩石生物」にも比肩しうる存在かもしれない。よりよく似ているのは、SFにしばしば登場する「ガス状生物」(たとえば『ガス人間第一号』)や、「液状生物」(たとえば、『美女と液体人間』や『アナザヘブン』)のようなものと言えようか。

先の「ガヴァドン」に関する議論において考察したように、「観念を扱うことのできる能力を知性という」のであれば、ソラリスの「海」は、それがAIでもない限り、「知性を持った生命体」と呼ばねばならないことになる。なぜそんなことが言えるのかといえば、この海は地球人の頭の中を読み、そのイメージを理解することによって、それと同じ(と、海が考える)ものを作り出すことができるからだ。ここには明らかに、「知性」や「思考」らしきものが働いている。

言うまでもなく、このような幻影作成プロセスは、ガヴァドン作製計画と同様、大変に困難なものとなる。コンセプトとしても、技術としても困難だ。これが何かの「デッドコピーを作る」というのなら、そのコンセプトは簡単だ。技術としては確かに高度かつ面倒臭いが、コンセプトそれ自体は簡単なのだ。

たとえば、スタートレック・シリーズにおいて日常的に用いられている「転送装置」は、生きものを含めたあらゆる物体を分子や原子のレベルに分解し、それを別の場所で再構成するというもので、そこにはテクノロジーはあっても、意思や知性はない。また、奥浩哉のマンガ、『GANTZ』においても同様の転送や複製が表現されている。とりわけこのマンガにおいては、「神」を思わせる存在が現れる場面があり、その神的存在が分子データに基づいて死者を再生させてしまうのだが、よく考えてみればこれもまた「デッド・コピー」の変形にすぎない。その作業コンセプトの基本が説明されることによって、逆にその「神性」が損なわれてしまっている(誰も転送装置を「神」と呼ばないように)。極言すれば、このような単純作業をするためには、SF的には「凄いテクノロジー」と「ただの機械」で用が足りる(我々にそれがまだ不可能であるとは言え)。そうなると、あまり有り難みがなくなってしまう。

その点、ソラリスの「海」は、その仕事の「いい加減さ」、「不完全さ」によって逆にそれが我々の想像を絶する有機的知性体であることを予想させる。我々のイメージにおける「神」に近いのはむしろこっちの方だ。むろん、どんなに想像を絶することであっても、「質量保存の法則」はねじ曲げるわけにはゆかないであろうから(『スタートレック：ディスカバリー』シーズン2、エピソード5を参照)、おそらく「海」は自分の体の一部をマテリアルとして用い、地球人の思考の中のパターンを忠実に再現しようとしているだけなのであろう。したがって、その模倣それ自体が一種のコミュニケーション、あるいはそのための手段でありうることは想像に難くない（たとえば『コンタクト』に見るように）。ならば、それはおそらく昆虫に見る「擬態」にも似たものなのだ。そして、多くの蛾やカマキリが体の一部を用いて枯葉や花を作り出すように、見かけがいくら似ていても、その内部構造まで本物に似せているわけではないし、さしあたってはその必要もない（昆虫にとっての天敵である鳥たちが、顕微鏡を持たないからである）。どんな形をしていようと、昆虫の体に生じたものは、昆虫の体組織以外ではありえない。それはただ、日常的知覚や理解に訴えるレベルで充分に「似ている」というものでしかないのである。しかし究極的に人間を騙そうと思ったら、我々のあらゆるレベルでの知覚や、対象と関わる際に働く人間的心理や論理を徹底的に理解しなければならない。さもなければ、本当に人間が信じ込むものを作ることはできないのである。

分子や細胞のレベルから立ち上げたデッド・コピーではなく、知覚と解釈を介した模倣でしかないが故に、それは様々な勘違いを孕んでしまう。知的生物ならではの「失敗」だ。模倣の作業の最中に、「海」が自分の理解や経験に根ざした解釈でもって情報を補填するよう臨むからだ。たとえば、原作小説『ソラリスの陽のもとに』においては、「海」の初期の試みの一つとして「巨大な人間の赤ん坊」が作製され、それが海面に漂っているのを偵察隊員が目撃するくだりがある。赤ん坊が奇妙なのはそのサイズだけではなく、手足や眼球がてんでバラバラに動いており、それがその「物体」を途轍もなく不気味に見せていた。事実、隊員達はこれを見て不快感を覚える。この「失敗」を通じ、海は人間のサイズの把握能力や、人体的で統合の取れた動きを学び、それをよりよく真似ていこうとする。そしてついに「海」は、その人間の最も愛してやまないもの、最も希求するものを再現することに「ある程度」成功する。しかもそれが「成功」した結果として、多くの探検隊員達が精神に異常を来し始めた。

主人公の心理学者、クリスの前にも「それ」が現れた。その幻影は、彼の頭の中にある生前の恋人、ハリーそのものであり、仕草も声も彼女と寸分変わらない。寸分変わらないからこそ彼女を追い払おうとするクリスとのあいだに「諍い」が生じ、彼女は液体酸素を飲んで「自殺」さえしようとする。こういった彼女の行動は自殺や苦痛も含めて全て「外交」であると同時に、「模倣」なのである。当然ながら、彼女は簡単には死なない。生身の人間なら即死するようなことをしても、なかなか死なないのである。それがまたクリスを狂おしい気持ちにさせてゆく。

図▶筆者のコレクションから、カレハカマキリの標本（神戸市、六甲昆虫館にて購入）。

ソラリスの「海」が人間に与えるのは、個々人の妄想の具現化である。これをテーマにしたストーリーならば、『宇宙大作戦』の一エピソード、「おかしなおかしな遊園惑星」に見ることができる。カーク船長以下乗組員たちが休暇のために地球型の惑星に降り立ったところ、彼らの考えたものが次から次へと目の前に現れ、カークたちはしばし混乱に陥る。が、それらは全て、おもてなしを使命とする異星人の作り出した人工物であったというお話。このシナリオは、かのシオドア・スタージョンによるものであったという。

おそらく、ソラリスの「海」にも悪気などないのだと私は思う。自分以外の生命体に対し「夢」の実体化を差し出し、それを通じて「海」なりのコミュニケーションを試みているにすぎないのだと（あるいは、異生物からの自己防衛をしている）。しかし、具現した妄想を「本物であるわけがない」と当の人間が知っているからこそ、おかしなことになる。知性ゆえの矛盾が生じ、海と人間との関係が破綻し、さまざまな悲劇が生ずることになる。それが、『惑星ソラリス』独特のテーマだ。宇宙人ならずとも、外国人や異文化との交流を図ろうとする者にいつでも降りかかっている、いわば永遠の課題である。相互理解不可能性である。スタートレック・シリーズのエピソードには、これをテーマにしたものが多くある。が、その多くは「ポリティックス」の文脈で語られている。

『ソラリス……』の複雑で高尚なところは、単なる「外交問題」ではなく、「人間性とは何か」という、人間にとっての一種究極的とも言える問題を、人間以外の知性体が模索するというところにある。さらにその顚末を、人間の視点から描いているところがまた凄まじい（これと似た手法は、カズオ・イシグロの『私を離さないで』にも用いられている）。これをやり過ごすには、人間が自ら「動物化」するしかない。ソラリスに滞在する人間が苦しむのは、とりもなおさず、それが贋物であることを彼に教えている「知性」の故である。ならば、その知性を封印してしまえばいい。「海」が差し出すあらゆるものに対し何の疑いも持つことをやめ、目の前に現れた「実体を伴う幻影」の全てを「本物」として受け入れ、「海」の描く妄想世界に埋没してしまえばよい。つまり、「新たな神」として「海」を受け入れるしかないのである。それ以外にこの「外交」を成立させる方途はないのだから。そして、それがまさに「クリスにとっての物語の終焉」となる。クリスの脳内では一見、彼はすでに地球に戻っている。が、その美しいマイホームから次第にカメラがズームアウトしてゆくと、それはソラリスの海に新しくできた島の上に作られているのだった……。彼はとうとうソラリス流の現象主義を受け入れたのだろうか。このようにして見ると、『ソラリス……』はまた、「海」が異生物に対しての神を真似ようとする物語ともなる。

補足

余計なこととは思うが、紋切り型の穿った見方を許してもらえるなら、ソラリスは物質文明の究極を映し出す鏡でもある。個々人の反応を敏感に察知し、次第に変貌してゆくこの消費社会において、ついに思考を停止させる方法を学んでしまった現代人の物語なのである。ネットに覆われたこの社会全体を一つの生物としてみたとき、その姿はたしかにソラリスの海に似ているような気がする。

8——『テンペスト』に世界を見る［酒呑童子から『スター・ウォーズ』へ］

視覚文化論学者のバーバラ・スタフォードによると、全ての言明はアナロジーにほかならないという。言葉そのものがつまるところ、アナロジーなのだ。ならば、我々は運命的に「そのもの」についての理解や説明ができず、常に理解というものが、喩え話の変形でしかありえないということになる。この絶望的状況は、むろん科学研究にあっても変わるところはない。というわけで、シェイクスピアの戯曲、『テンペスト』をアナロジーとして取り上げたい。『ハムレット』や『マクベス』ほどに有名な作品ではないかもしれないが、これほど頻繁に、換骨奪胎、翻案されたストーリーもない。どういう筋かというと……。

妖精「エアリエル」の用いる魔術によってナポリ王「アロンゾー」一行を乗せた船が難破し、孤島に取り残される。その孤島では、一二年前自らの側近の奸計によりこの島に流され、復讐心に燃えた前ミラノ大公「プロスペロ」と、その娘「ミランダ」が魔術を習得していた。エアリエルはいまや、プロスペロの手下であった。一人はぐれたナポリ王子「ファーディナンド」は、ミランダに一目惚れし、プロスペロによりどうにか結婚を許される。一方、アロンゾーとその部下、島の怪獣、プロスペロの間にさまざまな謀略が渦巻き、ついにはアロンゾーが正気を失うに至るが、最終的にプロスペロが復讐を思いとどまり、全てを許すことで争いは収束する、という話である。

復讐心がもたらす災厄、その虚しさを強調した物語であるようにも見える。と、同時に、復讐心や恨みを否定（もしくは肯定）するロジックの本質が、何らかのイデオロギーか、さもなければ権力による統治の論理でしかありえないこと、そして正邪・善悪を分ける正義を支える文明が「血脈」とともにあることを明確にした話でもある。はっきり言って難しい話だ。しかし興味深いことに、この話と同じ構造を持った映画が実は世の中にゴマンとある。しかも、SF・怪獣映画に多いのだから驚く。となれば、気になって仕方がない。

プロスペロの子供たち

『テンペスト』を下敷きにした映画として最も有名な例は、何といっても『禁断の惑星』（1958）にとどめを刺すということになるのであろう。地球をあとにした探検隊が、遙か離れた惑星に着陸する。と、思いもかけず一人の地球人科学者に出会う。一見、世捨て人のように見えるが、地球人類に強い恨みや懐疑心を育んだ、ちょっとヤバい人物であることが次第にわかってくる。そればかりでなく、この異世界においては地球人の想像できないほどに進んだ科学テクノロジー（SF作家アーサー・クラークの言う通り、地球人にとってそれはもはや魔法と変わらない）が存在し、それが地球人に対し、恐るべき武器となって襲いかかってくる。同時に、この反逆者には娘がおり、それが地球人の一人を愛し始める。それが切っ掛けとなって、反逆者と地球人は和解、もしくは反逆者が破滅するに至る。と、だいたいこんな話である。この筋立てのテンペストとの類似性については、すでに方々で解説されている通りである。

ちなみに、SFドラマにおいて同様の筋立てはかなり多く、六〇年代のTVシリーズ、『宇宙大作戦』のエピソードには数多くの変形版『禁断の惑星』的プロットを見ることができる。五年間の調査飛行を続けているという設定上、話がしばしば『禁断の惑星』と似てしまうことは避けがたく、さらに新シリーズの『スター・トレック』(2009, 2013, 2016) にいたっては、三作全てのエピソードが多かれ少なかれ「テンペストの変形版」となっていることはここで指摘しておいてもよいかもしれない(悪党はみな特殊技能を手にした復讐者だった)。最初は楽しかったが、さすがにそろそろ飽きてきた。これはちょっと問題だ。

いずれにせよ、「祖国を離れて一人黙々と異端の研究や修行に没頭し、特殊な能力を得て身を立て、後にさまざまに(祖国や敵国に)仇なす」という筋立ては、途中までは「ヤマトタケル伝説」と同じ、英雄譚の定型だ。が、「仇をなす」部分の意義づけの違いが、「ヤマトタケル」と「プロスペロ」の差を決定的なものにする。ひとえに、異文化由来の能力による復讐とその否定こそが、このカテゴリーを特徴づけており、『海底二万マイル』(1954)、『大江山酒呑童子』(1960)、『海底軍艦』(1963)、『キングコングの逆襲』(1967) などのほか、見ようによっては『機動警察パトレイバー the Movie』(1989) や『シン・ゴジラ』(2016) も同じフォーマットに則って作られた物語だと考えられないでもない(『海底軍艦』に関しては、町山智宏氏が以前ラジオ番組で紹介していたことがあった)。同時に、敵によって洗脳された同胞の一人がサボタージュを働き、後に我に返って自分の行いを悔いるという筋書きも、その変形・短縮版であると言ってよい。後者の例は、『宇宙大戦争』(1959)、『怪獣総進撃』(1968)、『ゲゾラ・ガニメ・カメーバ 決戦! 南海の大怪獣』(1970)などに見ることができようし、『スター・ウォーズ エピソード1〜6』(1977–2005)の全てが丸ごと「テンペスト」だと言えないこともない。フォースの暗黒面も、親子の血のつながりには勝てなかったのである。

構造の分析

上にも述べた通り、「テンペスト」譚の特徴の一つは、追放された人物が、祖国の文明に存在しない魔法やテクノロジーを操るという点であり、それこそがこの物語における脅威であり、魅力でもある。同時に、このような異端の能力の獲得それ自体が、「裏切り」とみなされている。つまるところ、あらゆる戦いは相対的な価値観のズレによって生じており、本質的にどちらの立場が正しいか判定することはできない。その正邪の相対性を乗り越えるために、「民族主義(エスニック・ナショナリズム)」を徹底的に正当化する構造こそが『テンペスト』を特徴づける。以下では宇宙SFの範疇を超えて比較してみよう。

『テンペスト』の焼き直しが、SFやファンタジー、伝奇モノに偏るのは当然であろう。仙人のように、人里離れて研究する姿は、マッド・サイエンティストにぴったりであり、『海底二万マイル』のネモ艦長、『ウルトラマン』の第一〇話「謎の恐竜基地」に登場し、エリマキ怪獣ジラースを作り出した二階堂教授は、まさにその典型と言ってよい。同じ資質は、『鉄腕アトム』における天馬博士にも見ることができる。

初代の『ゴジラ』(1954)においても、芹澤博士はプロスペロと同じ雰囲気を漂わせており、ゴジラの物語それ自体が、『テンペスト』の一変形として作られていた可能性もある。実際、芹澤の怨念については、笠井潔著『テロルとゴジラ』(作品社 2016)にも触れられているが、戦後民主主義社会の日本をどうしても受け入れられず、同時に大戦を激しく憎む芹澤は、たしかに五〇年代日本の「内なるプロスペロ」でありうる。戦死者の魂を象徴するゴジラを封印できるのは、半ば亡者として戦後を生きる芹澤だけなのだと、笠井氏は考える(同書より)。孤独な天才科学者が人しれず開発した超科学で人間社会を攻撃するというのは、SFドラマの定番だが、かつて人間社会に怨念の矛先を向けていた芹澤が、最後に自分の死に場所をゴジラに見出し、かつての婚約者の前から姿を消してゆく姿は、たしかに『テンペスト』のカタルシスをなぞっている。

プロスペロ王が、孤島にもともと存在していた魔術文化の恩恵を受けていたことを考えると、本当の意味でこれに近いのは、やはり、惑星の先住民族「クレール人」が残した科学技術を我がものとした、『禁断の惑星』におけるモービアス博士であると言えるだろう。同様のパターンで、第二次大戦末期に敵の手を逃れるために、艦を捨て脱出し、辿り着いた無人島で、神宮司大佐とその一行は(本国では入手不可能な)無尽蔵の鉱物資源を手にし(さしずめ娘の神宮司真琴はミランダ、高島忠夫はファーディナンドに相当する)、『メカゴジラの逆襲』における真船博士は、ブラックホール第三惑星人のテクノロジーを得た。

また、ちょっと変わったところでは、『エイリアン：コヴェナント』における人造人間、デイヴィッドが、やはり宇宙人（エンジニア）のバイオテクノロジーを駆使し、一〇年間黙々と研究に没頭してエイリアン・モンスターを作り出してしまうこともこれにあたるだろう（ネタバレ、ゴメン！）。ただし、この映画においては、地球人と人間になりたくとも決してなることのできないデイヴィッドは、永遠に和解しない。

面白いのは、日本の映画『大江山酒呑童子』が、ことのほか『テンペスト』とそっくりな構造を持つことである。もともと伝説としての『酒呑童子』にはいくつかのヴァージョンがあるらしく、日本各地にヴァリエーションが残るが、そのどれもさして『テンペスト』とは似ていない。一九六〇年の大映作品は、川口松太郎の小説をもとに脚本家、八尋不二が脚色を加えた筋書きがもとになっている。このいずれかの時点で、シェイクスピア的味つけが施された可能性はあるが、そこまでは調べてもわからなかった。

この映画版は、愛する妻を関白に奪われた橘政忠（演：長谷川一夫）が大江山に身を隠し、鬼たちや妖術使いの頭領となって「酒呑童子」を名乗り、ことあるごとに朝廷に敵対しては謀反を起こすが、彼を討ちにやって来た源頼光（演：市川雷蔵）の本心を知り、来たるべき世の平和を確信した彼は、頼光と和解し、一族を解散、ついに大江山を去る決心をするという話になっている。ここでも、酒呑童子に特別の力を与えているのは、人里離れた大江山にすむ鬼たちであり、それこそが「正統派の社会」にとっての脅威なのである（化けもの牛、土蜘蛛など）。加えて、政忠を密かに慕いながら、彼につき従う鬼女の茨木童子（演：左幸子）が妖精エアリエルに似ないでもなく、ミランダに相当する「こつま」（若き日の中村玉緒演ずる）なる乙女も登場し、頼光と政忠の間を取り持つ（同様の役割は一部、山本富士子にも振られている）。『大江山酒呑童子』は、日本各地の民話に題材を取りながら、実は『テンペスト』の物語の骨格を与えられた、なかなかの発明だったのではなかろうかと思っている。

そう、『テンペスト』のフォーマットは巌窟王的な復讐譚のように見えながら、肝心の復讐が果たされることは決してない。復讐劇そのものにカタルシスがないのが特徴だ。その伝統は、『電送人間』、『ガス人間第一号』、『地球防衛軍』、『メカゴジラの逆襲』などに継承されている。むしろ、「主流派」として正当化される主体が、異文化を身に纏って襲いかかる復讐心を潰したり、懐柔したりする話なのである。その結果として、新たな調和がもたらされる、その化学変化にこそカタルシスが宿る。そして、主流・正統派の文化やテクノロジーを享受し、その社会の定義する正義に与する、いわば多数派からの視点（それが、物語を享受する立場だ）によって、初めて反逆者を許すことができる。この精神の背後に、「オリエンタリズム的コンプレックス」と類似の構造を見て取ることは容易い。そもそも『テンペスト』が、ナショナリズムの話なのだから、それは当然といえば当然である。

つまり、『テンペスト』と、その子孫と呼んでもよいさまざまな亜流の物語にとって、正義は復讐者本人ではなく、祖国に残った現政権と主流派に付随する。そして、祖先を同じくする同胞によってその正義が共有される。それは常にそうである（ここのところが、『大江山酒呑童子』では多少曖昧にされている）。学生運動盛んなりし頃の映画であるためか、為政者は一貫して悪者扱いされる）。充分に近代化され、それを受け入れて幸せを享受した者の視点がないと、「テンペスト・酒呑童子」物語はそもそも成立しない。それは、ちょうど『海底軍艦』において、「もう、戦争は終わったんだ。日本は生まれ変わったんだ」と、何の疑いもなく言える視点のことでもあり、反逆を否定する本質のことでもある。同時に、世の中に恨みを持ち、異文化の能力を身につけた復讐者は、その本質において、自分以外の何か、もしくは何者かに取り憑かれた存在でもあり、真の主体性を失い、否定されるべき他者に操られた者、とも見なすことができる。『海底軍艦』において真の正義に目覚めた神宮司大佐は、「錆ついた鎧を着ていたようだ。脱いでみて清々した」と言う。

すれば、近代社会、もしくは新秩序における主体性の回復とその確認が、『テンペスト』の翻案群に示された多くの映画の使命だったことに気がつく。ようするに、こういったものはもともと、世の中が繁栄し、人々がそれを享受している時代（高度経済成長期のような）、もしくは何らかの革命に似た変革が成功した社会（戦後、民主化した日本のような）にしかウケない映画群なのだ。

そう思うにつけ、そのタイプの映画が、とりわけ邦画において少なくなったことが少し気にかかる。同時に、製作者の本音を、登場人物のうち悪党の口から言わせる映画がかなり多くなったという、昨今の明瞭な傾向はもっと気にかかる（あえて例はあげない）。それがよいことなのか悪いことなのか、いずれにせよあらゆる価値が相対化され、よって立つ規範や、常識的な正義が存在できないような時代には、決して『テンペスト』の子供たちは存在しえないのだろう。

テクストを拘束するもの

最も興味深いのは、『テンペスト』と同じ構造を持った物語が、なぜこれほどたくさんできてしまったのか、という問題だ。これは、「テクスト」とか「ドラマツルギー」とかいったものの性質をよく示す例だ。

いつも思うのだが、作家は最初から何かを下敷きに物語を書くということはあまりないのではないか。むしろ、書いているうちに、自分が書こうとしていたものが書けず、思わず別のものを書いてしまうことがよくある。よく言われるように、そこから「テクスト性」が生まれ、それを分析する価値が生ずるという。書くのではなく、書かされるのだ（これと同様、航空力学的に飛行機のデザインはあのようになるしかないらしい。これまた、「デザインする」のではなく、「デザインさせられる」のだ）。

読む側にしても同様、一つのテクストにどのような意図を読み取るか、それは作者の思惑を越え、読者の思想背景や時代性に影響を受け、誰のものでもない思想の体系を作り出す。しかし、そこには必ず、特定の体系を作り出すに足る何らかのダイナミズムが働いている。この世は決して、均一でもなければ、なだらかでもない。あちこちに亀裂が生じ、孔があいたり、柔らかかったり固かったりする。このような現象を視覚生態学の視点で読み解いたギブソンは、「アフォーダンス」という概念を作り出した。

特定の安定した形に落ち着いた物語こそ幸いだ。それをレヴィ＝ストロースは「構造」であると説き、その構造に見る関係性に比較形態学的な「相同性」の語を当てた。それはおそらく二重の意味において正しい。なぜなら、物語の定型には、人間の心理機構に由来する高々加算個の安定したパターンしかなく、その意味で「同じ起原を持った物語が独立に」語られ、それは物語を紡ぐプロセスにおいて、ストーリーを特定の形へと導く、一種の「拘束」として働くからだ。して見れば、それが生物の適応進化にしろ、解剖学的構築にしろ、文芸的創作にしろ、おそらく「構造」の名に値するあらゆるパターンの生成における偶然と必然は同質のものなのだ。私にとって、進化研究において最も興味深い問題はボディプランの誕生だが、これもまたテクストを読み解くのと同様の困難さがつきまとう。ただ一つ確かなのは、それがあらかじめ存在していたこの世界の、何らかの不均一さを基盤にしているということなのだ。それがいったい何に由来するのか、どこに存在しているのか……それは、真に問いかける価値を伴う、数少ない科学的問いの一つと言えるだろう。

9——『吸血鬼ゴケミドロ』について［「寄生」の本質］

「さぁ、言って、言って……」

『吸血鬼ゴケミドロ』より。

映画、ドラマに登場した宇宙生物数々あれど、おもわず取りこぼしそうになり、あわててここにつけ加えたのが、『吸血鬼ゴケミドロ』(1968)に登場した寄生生物「ゴケミドロ」である。私は毎月一回、金曜の晩に、通称「映画の会」と呼ばれる上映会を主催していて、珍しい映画やゲテモノ映画を仲間たちと見ては喜んでいるのだが、この『吸血鬼ゴケミドロ』は、『里見八犬伝』(1983)、『一寸法師』(1955)に次いで人気の高い作品であった。

さて、この怪物、「吸血鬼」と呼ばれているため、何かドラキュラの末裔のように思われるかもしれないが、実はこれは人体に寄生する宇宙生物で、「アダムスキー型の円盤」によって地球に飛来したという、まことに由緒正しい生物である。その本体は金属光沢を持つ液体状で、明瞭な形を持たない。しかし、だからといってそれが単細胞生物であるとか、ボディプランを欠如した生物であるということにはならない。なぜなら、寄生性へと進化した動物は、しばしば極端な変形や単純化を経ることがあるからだ。実際、不定形で流動的な体の方が、宿主に入り込むのに都合がよいのである。

たとえば、地球の海には「フクロムシ*Rhizocephalan barnacle*」という、甲殻類につく寄生生物がいて、分類学上それ自身も甲殻類に属する。しかもそれは、フジツボやカメノテ、エボシガイなどと同じ蔓脚類であり、その証拠に「ノープリウス幼生」や「キプリス幼生」の段階を経て発生する（親の姿が変わってしまっても、幼生時代の姿が進化的起原を示唆することは多いのだ。そして、フクロムシは同じ蔓脚類のフジツボに寄生することさえある。蔓脚類の一種が別の蔓脚類に寄生されるというこの状況はいわば、我々がサルの一種に寄生されているような、およそ信じがたくおぞましい状況と言うべきだろう）。ところが、宿主に付着したキプリス幼生が脱皮して「ケントロゴン幼生」になり、「バーミゴン幼生」になり、血体腔内で成長し、フクロムシの成体になると、それはもはや分節構造も付属肢も失ってしまっている。宿主の中腸腺に寄生するためには、こういった構造はもはや不要なのだ。こうなるともう、とても節足動物と呼べたような代物ではない。たとえばそれは、脊椎動物が退化して、手足はおろか、背骨や頭蓋骨まで失ってしまうような状態とでもいえるだろう。脊椎動物を定義する形質をいくつも失った動物を、果たして「脊椎動物だ」とすぐに看破できるだろうか。フクロムシの成体（ただし、メスのみ）はまるで、「生きている饅頭」とでもいった風情で、ここまで来ると、ある意味「ゴケミドロ」と似ていなくもない。というわけで、ゴケミドロの見かけの姿に騙されてはいけない。これはひょっとしたら、我々と同じ脊椎動物型エイリアンの進化した、「究極の姿」かもしれないのだ。

多少ともゴケミドロに似た生物を探すとなれば、イギリスのTV番組『謎の円盤UFO』（1970–1971）

に登場したエイリアンがそれだろうか。彼らもまた円盤で飛来し、人間の肉体、もしくは内臓諸器官を奪うと覚しい。しかも、その正体がよくわからない。宇宙人が呼吸可能な緑の液体で満たされた宇宙服を着ていて、その中に人間型の肉体が収まっているというシーンはあるが、それはどうやら拉致された地球人の体だったらしい。宇宙人の本体が人体に寄生し、それを操っているという可能性も示唆されていたように記憶している。ならば、それがやはりゴケミドロ的なものだった可能性はある。が、シリーズを通じてその正体が明かされることはついぞなかった。加えて、『寄生獣』に登場した生物も、宇宙由来の寄生生物であった可能性が漫画版では示されているが、映画版ではそれと異なった解釈が採用されている。この生物の考察は、すでに別のところで述べたのでここでは繰り返さない。

『吸血鬼ゴケミドロ』を主役にしておいて、英国APフィルムズの名作ドラマ『謎の円盤……』や『寄生獣』を参考資料として持ち出すというのは、ある種不遜の極みと言うべきかもしれないが、私にとっては優先順位がこうなのだから仕方ない。いずれにせよゴケミドロは、「人体を操る」という究極の技を用いており、それが「寄生」という生物学的現象の本質を示していることに注目したい。それは、本体の形態学的退化と生殖への特化、そしてさまざまな刺激を介して宿主の行動を操る能力に尽きる。「吸血」は、ゴケミドロが宿主の人間の行動を、神経生理学的に操ることによって行われるのである。おそらくそれが、ゴケミドロの生存と繁殖に必須の栄養源となるのであろう。

付論4 整体師宇宙人仮説

私の名はゼミ。
ルパーツ星人です。
地球人に警告します。
怪獣ボスタングが侵入しました。

『ウルトラQ』第二一話「宇宙指令M774」より。

一条貴世美こと「ゼミ」は、実はルパーツ星からやってきた善意の宇宙人なのだが、宇宙人なればこそ誰も彼女の言うことに耳を貸さず、まともに取り合ってもらえないという悩みを彼女はいつも抱えているのである。その意味で、彼女は現実だけでなくメタファーとしてもまた、典型的な「宇宙人」を体現していると言うことができよう。逆に、我々地球人の現実社会は極めて人間的な常識に裏打ちされた体系をなしており、そこには人間関係とか人権問題とか、わけのわからないさまざまなお隣さん的情感が介入し、それがまた話をややこしくしつつ、全体としてそこはかとない「常識」というものを作り出しているので、この星での生活に慣れない宇宙人にしてみれば、本当に地球人的自然を演ずるのは難しいということになるのである。また一方で、科学者はというと、論理的、実験的に徹底的に実証されたものしか信じないという困った性格のため、「最も偏狭でわけのわからない人種」ということになっており、そういうわけで宇宙人とも常識人とも異なった悩みを抱えた、本当に困った「わからず屋の朴念仁」（寺田寅彦の用いた表現）と見なされることにあえて甘んじているのである。以下は、そんな科学者の身に降りかかった、ある日常的な話だ。

先日、世間でいわゆるところの「整体」に行った。これもまた「寄る年波」というのだろう、しばらく前から右側の肩凝りが酷くなり、どうにも痛さが我慢できなくなったのだ。前回の痛みは夏だったが、今回は冬を前に気温の低下と、それに伴う体調不良とともにやってきたように思える。そこで、インターネットで適当に調べ、自宅から歩いて行けるところ、なるべく通勤の途中に位置しているところを適当に選び、朝一番に予約を取って出かけたのだった。

「整体」と一言でいっても実際、ピンキリである。私の選んだそこは、一見ちょっと物足りない感じのするところだったのだが、まぁ、「流派それぞれに持ち味があるのだろう」というレベルの認識でもって、とにかくそのドアを叩いたのだった。見ると、中には整体師が一人いるだけ。アシスタントがいるようでもない。普通の「医院」と比べ、非常に小さな部屋であった。何しろこういうところは初めてだったもので、私は言われるままに問診票に必要事項をもれなく記入し、問診を受けた。まぁ、自分も人体解剖学を学んだことはあるし、頭頸部の形態は専門なもので、自覚症状を表現するのに、ことさら知識をひけらかすわけでもなく「おそらく菱形筋が……」とか、「肩甲背神経の痛みではないかと……」とか、専門用語が出てきてしまうのは仕方がない。そうした方が相手にもよく伝わるだろうという配慮もあった。が、整体師は始終「ふんふん」と軽く躱(かわ)しているだけで、あまり話に乗ってこない。ひたすら脊柱の話ばかりしている。そして私に、頭部の前屈とか後屈とか、いろいろな動作をさせる。いわれるままにベッドに横になり、数分間何するでもなく、私はただ天井を見ていた。その間も肩が痛くてたまらなかった。

ベッドの上に寝る以外にはほとんど何もしないに等しい一通りの「施術」が終わり、ふたたび私の姿勢を観察した整体師は、「さっきよりだいぶよくなっている」と断言、すでに私の体が改善の方向に動き始めていると伝えた。私は何だか狐か狸に化かされたような気分になり、「すみません。いったい、私の体に何をされたのでしょうか」と尋ねると、彼曰く、何やら生命を司る脳幹に一種の「波動」を作用させ、共鳴現象を起したのだと……。

脳幹の発生学なら私も得意だし、論文も書いたことがある。そこで、「脳幹に共鳴というと、ひょっとして網様体賦活系のことでしょうか。ちょっと怖いのですが」と私は聞かないではおれなかった。が、彼は無表情のまま、一向にはっきりしたことは答えてくれない。違うなら「違う」と言ってくれ。でないと、落ち着かないじゃないか。で、さらに突っ込んで、「どのようなエネルギー波が脳幹と共鳴するのか。ちょっと物騒なので、その機械を見せてください」というと、整体師は部屋の奥で何やらひとしきりガサゴソやり、その「秘密の装置」とやらを持ってきた。拝ませてもらうと、それは何か透明な樹脂に埋め込んだ電子部品のようなものだった。

何だ、これは？　そもそも何で電子部品を樹脂に包埋する必要がある？　これから何かが出てくるというのか。何か、話が私の知る自然のメカニズムとどうしても符合しない。となれば、これは間違いなく紛い物なのである。ここに至ってやっとそう気づいた私は、「すいません。職業柄、自分の理解できないものはちょっとにわかに信じる気になれないものでして、非常に申しわけありませんが、今日のところは失礼します」と述べ、言われた代金を払ってその場を辞した。むろん、来週に予定されていた次回の予約もキャンセルした。

外に出てから、いま起こった不思議な出来事についてつらつら考えた。波動かぁ……。音波や電磁波ではないとすると、ふーむ。普通アレ以外に思いつかないが……。そもそも「波動」と言った時点でちょっとおかしかったんだよなぁ。この単語は通常、私の仕事、並びに生活範囲内では、「波動方程式」か、ごく一般的な物理的な運動としての波のことか、さもなければ、「宇宙戦艦ヤマト」の切り札、つまりあの「波動砲」でしか用いられない。あの整体師のいう「波動」というのは、これらのどれにもあてはまらない。仕事場に戻ってから調べてみると、ウィキペディアでは何とも素晴らしい説明がなされていた。それはつまり「代替医療で用いられる生命エネルギーを指す」とのこと。つまり、オカルトなのだ。やっぱりな。私はまんまと填められたというわけだ。

という話で終わるのだったらむしろ簡単だったかもしれない。問題は、それから私の肩凝りが快方へ向かい始めたということなのである。私の科学者としての信条はいったいどうなるのか、ということなのである。むろん、私はいまでもあの整体師の言ったことには懐疑的であるし、同じ理由で資格を持った本物の医師たち（広い意味で、彼らも科学者だ）が整体に代表される多くの代替医療を「オカルト療法」として毛嫌いするのも頷ける。それに関してはすでに多くの書物が書かれているし、私も何冊か読んだ。が、実際にそれが「効いた」となればどうか。それを一種の自然現象として、科学的にどのように説明すればよいのだろう。

いくつかの解釈が可能だろう。まず、「私の症状がすでに峠を越しつつあった」という仮説がありうる。また、整体の範疇にあろうがなかろうが、整体師の言う多くの助言が一般論として健康によいことは確かである。姿勢を正しく生活すること、ショルダーバックを一方の肩だけにかけないようにする、できればリュックサックにすること、乳製品や珈琲は摂りすぎないこと、糖分の多い果物も控えめにすること、夜は早めに就寝して睡眠を充分に取ること、などなど……。これらは、一般論として正しく、あらためて言うほどのことではない。それができていないからこそ体に変調が生ずることも充分にありうる。その上、人間というのは不思議なもので、知人や家族から言われて素直に聞けないことでも、何らかの資格を持っていると見受けられる人（整体師もその一人だ）から言われると素直に聞いてしまうものなのだ。それはつまり、一種の「信心」だ。私とて、あの整体師の言ったことの全てがデタラメだとは言わない。せっかく金を払ったのだし、正しいことは実行しようという気にもなるし、普段気がつかなかったことを気づかせてくれたことに対しては感謝すらしている。

それから、駅に向かって歩いていた私は、いまでは珍しくなった托鉢僧が念仏唱えているのに出くわした。そうか。宗教も同じか。「信じるからこそ救われる」というわけか。だとすれば、科学者というのは何と因果な商売なのであろう。人の言うことが根拠のないデタラメだということをたやすく見抜いてしまい、そうなるともう、何も信じられなくなる。そして、徹底的に発症機構や治療のメカニズムを理解しない限り、何も受けつけなくなる。見ようによっては、これはこれで、非常に損なことではあるまいか。これで、病状が治らないのだったら、現象としてはあまりバカと変わらない。信じるバカと信じないバカ。どちらがよいかはわからない（そういえばこれは、『スター・ウォーズ エピソード4』における、オビワン・ケノービの言葉だった）。が、体調が回復して幸せになれるのは間違いなく信じる方だろう。さて、私はこれからどうしたものか。

そういう悩みをお持ちの皆さんに一つ、とっておきの方法を伝授しよう。それは、「整体師というのは実際には、長いこと地球に暮らしている宇宙人なのだ」という仮説を想定することである。この仮説だけは、どんな科学者でもちょっとやそっとでは反証できない。なぜかといえば、「宇宙人」というのはそもそも不可能を可能にする鉄壁の仮説なのだから。

本当のことを言うと、例の整体師と会話していて、私は何かその人物の浮き世離れした物言いや佇まいに、「コイツはひょっとしたら宇宙人ではあるまいか」という考えがちらと浮かんでいたのである（まぁ、そのときは単なるメタファーとして「宇宙人」という概念に行き着いたのであるが）。だから私が人体解剖学や物理学の概念で納得しようとしても、相手にしてくれなかったのではあるまいか……。宇宙人なればこそ、彼らは人間とは異なった独自の生理学や物理学の理論体系を持っていて、それがもたらす未知の技術で地球人の多くの疾病を治すことができる。だからこそ、その理屈を説明しろと言われても、別の文明で生きてきた地球人の劣った思考能力や未熟な科学技術ではそもそも理解ができるわけがなく、しかたないので適当に「波動」とでも言ってやるしかないのであると……。そういえば、SF作家にして物理学者のアーサー・C・クラークの三法則にも、「充分に発達したテクノロジーは、我々地球人にはもはや魔法にしか見えない」という項目があった。ようするに、科学者も地球人である以上、宇宙人のやらかす「魔法」だけは否定できないのだ。

ここで百歩譲ってあえて言うなら、「オカルト」というのは実に不幸な運命を辿った教義であると指摘せねばなるまい。というのも、たとえば昔の「占星術」は、天文学や宇宙物理学という形に姿を変えて発展し、「錬金術」もまた、正統派の近代化学や物理学が成立する下地となった。古い教義は新しい体系に変身したのである。であるから、もともと科学の誕生はそれほど純粋でも不可侵でもなく、非常に宗教色の強い偏った世界観のもとに生まれ、それが改変されることによって正当な作法として変化・発展してきたのである。ところが、オカルトは占星術や錬金術と異なり、明瞭な「変身」をまだ経験していない。いまでもちゃんとした心理学や医学や生物学にあまり寄与していないのだ（例外があるとすれば、ハーブ療法がそれだろうか）。むしろ、単に否定され、一九世紀末期に非常にあっさりと闇に葬られた感がある。そこに、人間の原始的な信心が機能する余地がいまでも残されているわけである。

むろん、天文学がこれほど発達した現代でも相変わらず占星術を信じている人がいるように、科学の発達が人間の精神世界を徹底的に変えてしまったわけではない。ただ、ことオカルトに関しては、人間の信心を受け入れる余地があまりに広く生き残っているのだ。それもこれも、科学とオカルトが生き別れになった一九世紀末、科学の試金石としてオカルトが使われることなく、半ば政治的に否定されたに留まったからではなかろうかと私は個人的に思っている。面白いのは、オカルト的現象が否定しきれなかったときに、しばしば宇宙人が持ち出されたことが過去に幾度かあったということなのだ。それが文芸の領域で発展したのが、宇宙SFなのである。

そう。それがいい。科学がいくら発達しようと、世の中からオカルトだけは消えてゆかない。それが人間というものなのだ。気をつけてみればそれは、あなたの身の回りにいくらでも見つけることができる。そして、それを信じている人も数限りなくいる。徹底的な科学者というのは、むしろ少数派なのである。

かくして、人生の中でオカルト（らしきもの）に出会ってしまったなら、とりあえず現代に生きる科学者の採るべき道は二つ考えられる。一つは、それを全面否定し、インチキを暴くこと、である。しかし、そのおかげで幸せになっている人も多いので、それが本当によいことかと聞かれると答えに窮するし、そもそもいらぬ騒ぎを起こして誰がどのような得をするのかよくわからない。で、もう一つの道は、その霊媒師なり整体師がおそらく長いこと地球に棲みついている宇宙人であって、したがって彼らのやることを我々の科学的範疇の言葉で理解するには、まだまだ充分な観察と精査と理解が必要なのであり、一朝一夕には判断がしかねるという仮説を考えてみること。以上である。

そもそも、既知の科学で説明できることなど高が知れているのだ。あるいは、一人の人間が持ちうる科学的知識で納得できることにも限りがある。私の場合、中等教育レベルまでの科学はまんべんなく学んでいて、エレクトロニクスだって多少囓ったことはあるが、それでも最新型のスマホや薄型テレビが作動する原理は説明できない。女子高生が当たり前のように使っている機械の作動原理を本職の科学者が知らないというとんでもない世界が、すなわち我々の生きるこの現代社会なのだ。逆にスマホの設計者は、細胞の中味やボディプランの進化機構はおろか、動植物の分類学なんかに興味はないだろう。つまり、こんな星の上に棲息して科学者を名乗るということはすなわち、科学体系の全てを解説できるということなどでは決してなく、せいぜいのところ自分の生きる信条を定義することにほかならず、このレベルのアイデンティティと能力では、本来的にオカルトの否定には全然足らないはずなのである。といって、もちろんオカルトを積極的に擁護しようなどとは毛頭思わないが……。

まだまだわからないことがあるからこそ、そして、科学的真理がしばしば我々の予想を裏切るからこそ、科学者は研究を止めない。ならば、その認識に立った上で、現代社会において「オカルト」と呼ばれているものがいったい何なのか。もう一度立ち止まって、等身大の一個の人間の立場でよく考えてみるのも悪くない。ルパーツ星人の一条貴世美の言うように、

「あなたの隣のその人も、宇宙人かもしれませんよ」と……。

参考図書

荒俣宏＋松岡正剛『プラネタリー・ブックス10　月と幻想科学』（工作舎 1979）
市橋伯一『協力と裏切りの生命進化史』（光文社 2019）
入江直樹『胎児期に刻まれた進化の痕跡』（慶應義塾大学出版会 2016）
小野浩一郎編『決定版・全ウルトラ怪獣完全超百科』（講談社 2005）
J・J・ギブソン『生態学的視覚論』（サイエンス社 1985）
倉谷 滋『形態学―形づくりにみる動物進化のシナリオ』（丸善出版 2015）
倉谷 滋『ゴジラ幻論―日本産怪獣類の一般と個別の博物誌』（工作舎 2017）
倉谷 滋『進化する形―進化発生学入門』（講談社 2019）
倉谷 滋『SFと現実の境界―進化形態学的空想映画評論集』（集英社 2019）
A・G・ケアンズ・スミス『生命の起源を解く七つの鍵』石川 統 訳（岩波書店 1987）
マイケル・J・クロウ『地球外生命論争―カントからロウエルまでの世界の複数性をめぐる思想大全』（工作舎 2001）
榊原恵子『植物の世代交代制御因子の発見』（慶應義塾大学出版会 2016）
須藤 靖『不自然な宇宙―宇宙はひとつだけなのか？』講談社ブルーバックス（講談社 2019）
武村政春『巨大ウイルスと第4のドメイン 生命進化論のパラダイムシフト』講談社ブルーバックス（講談社 2015）
岬兄悟＆大原まり子編『SFバカ本・たわし編プラス』（廣済堂文庫 1998）
中島林彦「ブラックホール撮影成功」『日経サイエンス vol. 49』（日経サイエンス社 2019）
ロドルフ・ラシャ『肉塊アート―人体解剖美術集』（グラフィック社 2018）
V・S・ラマチャンドラン＆サンドラ・ブレイクスリー『脳のなかの幽霊』（角川文庫 2011）

◉文学・マンガほか—作品名、作者、出版社・出版年(国内)、元タイトル、発表年の順に表記。

索引

◉映像作品――作品名、原タイトル（英語タイトル）、監督、公開年（放映年）、製作国の順に表記。
＊印はテレビ・ドラマ

あとがき――プラネタリウムとしての宇宙SF

「怪獣の本を出してしまった」と思ったら、こんどは宇宙生物の本である。私にとって、ゴジラは幼い頃から気心の知れた脊椎動物だが、一方で「宇宙生物」など自分とは縁もゆかりもないアカの他人である。知り合いのことならいくらでも書けるが、会ったこともないヤツのことなんか書けない。というわけで、このお題を頂いたとき、最初はかなり悩んだ。しかし、「知らない」ということは、「知っていること」があって初めて言えることなので、何かを知っていれば、そうではないことについて間接的に述べることができるのだろう、「知らない」と言えば、知っていることでもってそれを補完できるだろうと、高を括って書き始めてしまった。が、やはり難しかった。とはいえ気がついたら結構書いてしまっていた。あぁ、ということはつまり、自分には知っているつもりになっていることでも、実はこれだけ知らないことがあるのだな、とわれながら情けない思いがしないでもないのである。

宇宙生物に関して最も疑問なのは、「実物に遭遇したためしがないにもかかわらず、なぜこんなに数が多いのか」ということだ。ドラマに人間が出るのは当たり前だ。我々自身がドラマの主人公や脇役になるのだから。これが人間以外となると、たとえ実在しても頻度が激減する。動物の中で役が与えられがちなものというと、おそらく筆頭はイヌ、その次にネコがきて、たまにクマやライオンに役が振られることになる。童話まで入れると、そこそこの数の動物種が現れるかもしれないが、そういったものはしばしば特定のキャラクターを伴った人間のカリカチュアでしかなく、必ずしも動物そのものが表現されているわけではないので除外せねばならない。それに関してはロボットも同じである。つまり、所詮その程度のものである。

しかし、である。こと、宇宙人に関しては、（異論もあろうが）誰も彼らを見たことがないにもかかわらず、次から次へと変なものが「これでもか」と言わんばかりに映画やドラマに登場してくるのである。たぶん、既存の生き物ではやることなすこと当たり前すぎて、もはや面白くも何ともないということなのだろう。言い換えるなら、宇宙生物について考察するということは、究極的には作家やシナリオライターの必死の想像力

▶明石天文科学館のプラネタリウム。カール・ツァイス製の投影機。

をちょっと覗かせてもらうということなのだろう。そこが楽しいのだと思う。逆に、宇宙人を用いた「意味のずらし」の果てに、異形の存在でありながら、意外にも人間臭いことをやるメトロン星人のような宇宙人が出てくると、思わず「やられた」と思うわけだ。いずれ、「頭の体操」としてかなり刺激的であることは間違いない。

先日、知り合いの女性と明石市のプラネタリウムに行った。東経一三五度、日本の標準時子午線上に建てられた「明石天文科学館」内にそれはある。ドーム状のスクリーンに照らし出された人工の星々は本物の天体さながらに輝き、そのいくつかは生命を宿した惑星さえ従えているように思えた。そして同時にふと、奇妙な感覚を覚えないではおれなかった。

というのも、昔の人々は、ちょうどこのプラネタリウムの仕掛けと同じように、平面としての世界(地球)を取り巻くドーム状の天蓋に星々が描かれていると思っていたのである。巨大な「パノラマ」としての世界観である。きっと、カミーユ・フラマリオンの挿絵を通じてそれを知った読者も多いだろう。もちろん空の星々は誰かの描いたホリゾントなどではなく、果てしなく広がる宇宙空間に浮かぶ無数の天体であり、地球もその一つにすぎないのである。そして、その現実の宇宙を再現するために、いま我々は中世ヨーロッパ人の夢想の通りの仕掛けをわざわざ人工的に作り出している。ならば、いまだ出会ったことのない地球外生命に想いを馳せて作り出されている数々のSF映画は、やはり一種のパノラマ世界であり、それが現実の宇宙の姿を垣間見せているということにはならないだろうか。

現代に生きる我々にとって、プラネタリウムが現実を模倣する仕掛けであるように……。スクリーン上に見るあの想像上の異星人や宇宙怪獣は、果たして実在しうるものなのか、否か。人間の想像力は、少しでも本物の宇宙生物に肉薄したことがあるのだろうか。

その昔、宇宙人のイメージは人間そのものだった。夜空に輝く星には「人」が住んでいると考えられていたのだ。月世界の住人が「ヒトの姿」で描かれていたように。人間という存在が、それほどスタンダードだったのである。そこには、知的生物の姿が必然としてヒトの姿に収束するという先入観が働いている。一種、「天動説」とも似た考えである。同じ理由で、神がヒトの姿で描かれることも多い。一方で、ほかの星で進化した限り、ヒトと同じ姿になる確率はむしろ低いとする考えもある。ここにも「進化論」

▶カミーユ・フラマリオン(1842–1925)による有名な挿絵。通常、地球平面説を示すとされる。

と「創造説」の対立が現れているとすると、それは穿ちすぎだろうか。たとえそうだとしても、SFに登場する異星人の姿は、我々がどのような世界に住んでいるかという認識、つまりは時代とともに変わる世界観の影響を受けないではいられない。宇宙人、宇宙生物をめぐる我々のイメージはつまるところ、宇宙そのものの姿や生物進化に関する我々の科学的「常識」の発露なのである。

前回の『ゴジラ幻論』は、部分的に研究者のレポートという形式をとった。したがって、それは一種の小説であった。が、今回は全てエッセイの形式で書いた。東宝特撮怪獣とは違って、扱うべき宇宙生物の数があまりに多く、とてもじゃないが小技を効かせる余裕がなかったのだ。そこは、第一章で進化生物学的議論をいつになく幅広く展開したつもりなので、それに免じてご容赦願いたい。というわけで、このところ週末や連休ともなれば宇宙人のことばかり考えていたが、それがちょうど同時期に書いていた講談社現代新書『進化する形』での考察とダブってしまい、そのおかげというか悪影響というか、「進化生物学としての宇宙生物学」というスタイルができてしまったのはちょっと面白い体験であった。もちろんそこには、先に書いたように宇宙論も関わってくれば、神学の歴史や哲学としての世界観の発達史も関わってくる。しかし、あくまで宇宙人に対する私の憧れは、夜の街を徘徊する「怪人」としての宇宙人に対するそれであり、それが凝集した存在がかの「セミ人間」であった。それはここで改めて強調しておきたい。おそらく我々が住むこの世界は、我々が知っていると思っている以上に興味深く、不可解で、かつ、美しくも恐ろしい場所なのだ。

本書の執筆に際しても多くの人々の助力を得た。日本進化学会の会員である名古屋大学理学部の石川由希博士、立教大学の榊原恵子博士、ならびに琉球大学農学部の辻和希博士には、第一章における進化生物学的考察で多くのコメントと助言をいただいた。愛媛大学理学部の村上安則博士、武蔵野美術大学造形学部の小藪大輔博士、国立遺伝学研究所の石川麻乃博士、東京大学理学部の入江直樹博士、理化学研究所形態進化研究室の上坂将弘博士、香曽我部隆裕博士、ならびに平沢達矢博士の諸氏には、原稿を通読してもらい、多くのコメントをいただいた。いうまでもなく、記憶違いや誤謬は全て、筆者である私の責任である。最後になったが、執筆期間を通して激励戴いた工作舎の米澤敬さんにも深くお礼申し上げる。

令和一年五月　神戸にて

著者記す

著者紹介

倉谷 滋［くらたにしげる］

一九五八年、大阪府出身。京都大学大学院博士課程修了、理学博士。米国ジョージア大学、ベイラー医科大学への留学の後、熊本大学医学助教授、岡山大学理学部教授を経て、現在、理化学研究所主任研究員。主な研究テーマは、「脊椎動物頭部の起源と進化」、「カメの甲をもたらした発生プログラムの進化」、「脊椎動物筋骨格系の進化」など。

主な編著書に『神経堤細胞―脊椎動物のボディプランを支えるもの』（共著）東京大学出版会（1997）、『かたちの進化の設計図』岩波書店（1997）、『発生と進化』（共著）岩波書店（2004）、『個体発生は進化をくりかえすのか』岩波書店（2005）、『動物の形態進化のメカニズム』（共編）培風館（2007）、『岩波 生物学辞典 第5版』（共編）岩波書店（2013）、『形態学 形づくりにみる動物進化のシナリオ』丸善出版（2015）、『分節幻想』工作舎（2016）、『新版・動物進化形態学』（2017）東京大学出版会、『ゴジラ幻論』工作舎（2017）、『進化する形』講談社（2019）訳書にB・K・ホール『進化発生学―ボディプランと動物の起源』工作舎（2001）などがある。

地球外生物学——SF映画に「進化」を読む

発行日——二〇一九年一一月二〇日
著者——倉谷 滋
編集——米澤 敬
エディトリアル・デザイン——宮城安総＋小倉佐知子
印刷・製本——シナノ印刷株式会社
発行者——十川治江
発行——工作舎 editorial corporation for human becoming
〒169-0072 東京都新宿区大久保2-4-12 新宿ラムダックスビル12F
phone : 03-5155-8940 fax : 03-5155-8941
www.kousakusha.co.jp saturn@kousakusha.co.jp
ISBN978-4-87502-515-3

地球外生命論争 1750–1900

◆マイケル・J・クロウ　鼓 澄治＋山本啓二＋吉田 修＝訳

ET(地球外生命)をめぐる天文学、哲学、宗教論争を集大成。カントから、ハーシェル、ガウス、ダーウィン、ロウエルまで、地球外生命に託してそれぞれの世界観を戦わせた熱き論争の全容。

●A5判上製函入●1008頁●定価　本体20000円＋税

ゴジラ幻論

◆倉谷 滋

2016年、東京に上陸し、丸の内で活動を停止した巨大不明生物、通称「ゴジラ」。従来の生物学の知見では単純に説明することのできない生態、形態、発生プロセスの謎に挑む。

●四六判上製●298頁●定価　本体2000円＋税

分節幻想

◆倉谷 滋

われわれの頭はどのように進化してきたのか？　進化発生学の気鋭の著者が、18世紀以来の進化と発生の歴史をまとめあげ、「アタマの起源」を探る大著。「分節」関連博物図像多数収録。

●A5判上製●864頁●定価　本体9000円＋税

哺乳類の卵

◆石川裕二

進化論もiPS細胞も、ここから始まった―。哺乳類の卵を発見し、近代発生学の父と言われるフォン・ベーア。その生涯を平易にまとめ、現代に続く功績も記述した本邦初の評伝。

●四六判上製●176頁●定価　本体2000円＋税

ヘッケルと進化の夢

◆佐藤恵子

エコロジーの命名者、系統樹の父、「個体発生は系統発生を繰り返す」で知られる進化論者ヘッケル。芸術からナチズムにまで影響を与えたとされる毀誉褒貶に満ちた実像を日本初紹介。

●四六判上製●420頁●定価　本体3200円＋税

個体発生と系統発生

◆スティーヴン・J・グールド　仁木帝都＋渡辺政隆＝訳

科学史から進化論、生物学、生態学、地質学にわたる該博な知識と洞察を駆使して、進化をめぐるドラマと大進化の謎を解く。『パンダの親指』の著者が6年をかけて書き下ろした大著。

●A5判上製●656頁●定価　本体5500円＋税